普通高等教育规划教材

随机数学引论——工程数学篇

叶振军　何凤霞　编著

天津大学出版社
TIANJIN UNIVERSITY PRESS

图书在版编目(CIP)数据

随机数学引论. 工程数学篇 / 叶振军, 何凤霞编著
. -- 天津 : 天津大学出版社, 2023.6
普通高等教育规划教材
ISBN 978-7-5618-7351-9

Ⅰ. ①随… Ⅱ. ①叶… ②何… Ⅲ. ①数理统计-高
等学校-教材 Ⅳ. ①O211.6

中国版本图书馆CIP数据核字(2022)第222607号

出版发行	天津大学出版社
地　　址	天津市卫津路92号天津大学内（邮编:300072）
电　　话	发行部:022-27403647
网　　址	www.tjupress.com.cn
印　　刷	北京虎彩文化传播有限公司
经　　销	全国各地新华书店
开　　本	787mm×1092mm　1/16
印　　张	9.5
字　　数	231千
版　　次	2023年6月第1版
印　　次	2023年6月第1次
定　　价	35.00元

序　言

党的二十大报告指出,加快推进科技自立自强,基础研究和原始创新不断加强。《随机数学引论——工程数学篇》是在党的二十大精神和习近平新时代中国特色社会主义思想指引下,在当前交叉学科和新工科发展背景下写就的一本研究生教材,内容力争适应当前新技术发展对随机数学的需求。全书内容的设计主要考虑两个方面:一是突出第四代信息技术革命和新工科、交叉学科对随机数学在信息层面上的需求特征;二是尽力做到与大多数工科学生本科阶段知识内容相衔接。

全书内容共包括七章,分为三个部分:第1章为概率论基础部分,主要回顾本科相关知识,并补充所需的一些扩展知识,为后续内容的展开提供更加平滑的过渡;第2、3、4章为数理统计部分,内容涵盖数理统计基本概念和统计推断的两大主题——参数估计和假设检验;第5、6、7章为随机过程部分,内容涵盖随机过程基本概念和在应用中占主导地位的马尔科夫过程和二阶矩过程。

全书中的举例和练习均按照具有一定理论分析且又紧贴应用的原则来设计,目的在于突出新技术革命和新工科、交叉学科对随机数学新的要求,尤其强调核心理论对新技术的支撑作用。

由于作者水平所限,书中错误和不妥之处在所难免,恳请读者批评指正。

目　　录

第1章 概率论基础

本章对概率论的基本内容做简要介绍,一方面拓展初等概率论的一些基本概念,另一方面为数理统计和随机过程学习提供理论基础.

1.1 概率空间

对随机现象的研究是通过随机试验进行的,而概率空间是针对随机试验所构建的数学模型,它是概率论问题分析的起点.

定义 1.1.1 如果试验 E 符合:

(1)每次试验的可能结果不止一个,并且能事先明确试验的所有可能结果;

(2)进行一次试验之前无法确定哪一个结果会出现;

(3)可以在同一条件下重复进行试验,

则称 E 为随机试验,称随机试验 E 所有基本结果形成的集合为样本空间,记为 Ω,Ω 的子集 A 称为随机事件.特别地,称空集 $\varnothing$ 为不可能事件,全集 Ω 为必然事件.

事件是样本空间的子集,但在很多情况下并不需要对 Ω 的所有子集进行研究,而且并非所有 Ω 的子集都是可测的,为此我们引入事件域的概念.

定义 1.1.2 设试验 E 的样本空间为 Ω,$\mathscr{F}$ 是由 Ω 的某些子集组成的集合族,如果

(1)$\Omega \in \mathscr{F}$;

(2)若 $A \in \mathscr{F}$,则 $\overline{A} = \Omega \setminus A \in \mathscr{F}$;

(3)若 $A_i \in \mathscr{F}$($i=1,2,\cdots$),则 $\bigcup\limits_{i=1}^{+\infty} A_i \in \mathscr{F}$,

则称 $\mathscr{F}$ 为 σ 域或 σ 代数,$\mathscr{F}$ 中的任意元素 A 称为随机事件,样本空间 Ω 和随机事件域 $\mathscr{F}$ 组成的二元体 $(\Omega, \mathscr{F})$ 称为**可测空间**.

定义 1.1.3 设 $(\Omega, \mathscr{F})$ 是可测空间,$P(\cdot)$ 是定义在 $\mathscr{F}$ 上的实值函数,如果

(1)对任意的 $A \in \mathscr{F}$,有 $0 \leqslant P(A) \leqslant 1$;

(2)$P(\Omega) = 1$;

(3)$A_i \in \mathscr{F}$($i=1,2,\cdots$),$A_i A_j = \varnothing$($i \neq j = 1,2,\cdots$),有

$$P(\bigcup\limits_{i=1}^{+\infty} A_i) = \sum\limits_{i=1}^{+\infty} P(A_i)$$

则称 P 是 $(\Omega, \mathscr{F})$ 上的**概率测度**,简称为概率,它通过将 $\mathscr{F}$ 中的事件映射到 $[0,1]$ 上而实现对事件发生可能性大小的度量,故对任意的 $A \in \mathscr{F}$,将 $P(A)$ 称为随机事件 A 的概率.

由上面的讨论可知,描述一个随机试验的数学模型,应该具备三个要素,即样本空间 Ω、随机事件域(σ 代数)$\mathscr{F}$ 和概率($\mathscr{F}$ 上的规范测度)P,有了这三个要素,即可定义概率空间 $(\Omega, \mathscr{F}, P)$.

定义 1.1.4　样本空间 Ω、随机事件域 $\mathscr{F}$ 和概率 P 组成的三元体（ Ω , $\mathscr{F}$, P ）称为**概率空间**.

定义 1.1.5　若（ Ω , $\mathscr{F}$, P ）是一个概率空间，$A \in \mathscr{F}$，且 $P(A) > 0$，则对任意的 $B \in \mathscr{F}$，称

$$P(B \mid A) = \frac{P(AB)}{P(A)} \qquad (1.1)$$

为在已知事件 A 发生的条件下，事件 B 发生的条件概率.

类似地，可以定义事件 B 发生的条件下，事件 A 发生的条件概率为

$$P(A \mid B) = \frac{P(AB)}{P(B)}$$

设 A, B, A_i, B_i（ $N(a, \sigma^2)$ ）都是同一概率空间（ Ω , $\mathscr{F}$, P ）上的事件，且所有条件概率中作为条件的事件发生的概率都为正，则有下列常用公式.

1. 乘法公式

$$P(AB) = P(A)P(B \mid A) = P(B)P(A \mid B) \qquad (1.2)$$

2. 多个事件的乘法公式

$$P(A_1 A_2 \cdots A_n) = P(A_1)P(A_2 \mid A_1)P(A_3 \mid A_1 A_2) \cdots P(A_n \mid A_1 A_2 \cdots A_{n-1}) \qquad (1.3)$$

3. 全概率公式

若 $\bigcup_{i=1}^{n} B_i = \Omega, P(B_i) > 0, B_i B_j = \varnothing (i \neq j)$，则对任意事件 A，有

$$P(A) = \sum_{i=1}^{n} P(B_i)P(A \mid B_i) \qquad (1.4)$$

4. 贝叶斯公式

若 $\bigcup_{i=1}^{n} B_i = \Omega, P(B_i) > 0, B_i B_j = \varnothing (i \neq j)$，则对任意事件 A，有

$$P(B_i \mid A) = \frac{P(B_i)P(A \mid B_i)}{\sum\limits_{i=1}^{n} P(B_i)P(A \mid B_i)} \qquad (1.5)$$

5. 条件概率的乘法公式（推广）

$$P(A_1 A_2 \cdots A_n \mid B) = P(A_1 \mid B)P(A_2 \mid A_1 B) \cdots P(A_n \mid A_1 A_2 \cdots A_{n-1} B) \qquad (1.6)$$

证明

$$
\begin{aligned}
P(A_1 A_2 \cdots A_n \mid B) &= \frac{P(A_1 A_2 \cdots A_n B)}{P(B)} \\
&= \frac{P(B)P(A_1 \mid B)P(A_2 \mid A_1 B) \cdots P(A_n \mid A_1 A_2 \cdots A_{n-1} B)}{P(B)} \\
&= P(A_1 \mid B)P(A_2 \mid A_1 B) \cdots P(A_n \mid A_1 A_2 \cdots A_{n-1} B)
\end{aligned}
$$

证毕.

最后给出事件独立性的定义.

定义 1.1.6　设 $A_1, A_2, \cdots, A_n$ 是 n 个事件，如果对于任意的 $k(1 < k \leqslant n)$ 和任意的一组 $1 \leqslant i_1 < i_2 < \cdots < i_k \leqslant n$ 都有等式

$$P(A_{i_1}A_{i_2}\cdots A_{i_k}) = P(A_{i_1})P(A_{i_2})\cdots P(A_{i_k}) \tag{1.7}$$

成立,则称 A_1, A_2, $\cdots$, A_n 是 n 个相互独立的事件.

1.2　随机变量及其分布

　　建立了概率空间(Ω, $\mathscr{F}$, P),原则上说就已经建立了概率论的逻辑基础,但是这种刻画对于概率论的深入分析是有明显局限性的.引入随机变量及其分布函数的概念既可以方便对随机现象的研究,也可以充分利用经典数学分析的方法推动概率理论的深入研究.

　　定义 1.2.1　设(Ω, $\mathscr{F}$, P)是一个概率空间, $X = X(\omega)$ ($\omega \in \Omega$)是定义在 Ω 上的实值函数,且对任意实数 x ,有

$$\{\omega : X(\omega) < x\} \in \mathscr{F}$$

则称 $X(\omega)$ 为概率空间(Ω, $\mathscr{F}$, P)上的一个实随机变量.

　　如果 $Z = X + \mathrm{i}Y$,而 X 和 Y 都是(Ω, $\mathscr{F}$, P)上的实随机变量,则称 Z 为概率空间(Ω, $\mathscr{F}$, P)上的一个复随机变量.

　　如果 X_1, X_2, $\cdots$, X_n 是 n 个实(复)随机变量,则 Ω 上的向量函数 $(X_1, X_2, \cdots, X_n)$ 称为(Ω, $\mathscr{F}$, P)上的一个 n 维实(复)随机变量或 n 维实(复)随机向量.

　　定义 1.2.2　设 X 是定义在概率空间(Ω, $\mathscr{F}$, P)上的随机变量,即对任意的 $x \in \mathbf{R}$, $\{\omega : X(\omega) < x\} \in \mathscr{F}$,则函数

$$F_X(x) = P(\omega : X(\omega) < x) \tag{1.8}$$

称为随机变量 X 的概率分布函数,简称分布函数.通常,在明确知晓随机变量的情况下,常将分布函数简写为 $F(x)$.

　　根据分布函数的特点,随机变量可分为离散型、连续型和混合型三种.本书只考虑离散型和连续型随机变量.

　　对于离散型随机变量,其概率分布通常用分布律表示,即

$$p_k = P(X = k) \quad (k = 1, 2, \cdots) \tag{1.9}$$

其与分布函数的关系为

$$F(x) = \sum_{x_k \leqslant x} p_k \tag{1.10}$$

　　对于连续型随机变量,其概率分布通常用概率密度函数 $f(x)$ 表示,即

$$F(x) = \int_{-\infty}^{x} f(t)\,\mathrm{d}t \tag{1.11}$$

其与分布函数的关系为

$$F'(x) = f(x) \tag{1.12}$$

　　对于混合型随机变量,其概率分布采用在离散点用分布律、连续点用概率密度函数的方法表示,也可以统一用分布函数表示.

　　类似地,可定义多维随机变量及其分布函数.

　　定义 1.2.3　设(Ω, $\mathscr{F}$, P)是一个概率空间,称 Ω 上的 n 维实向量函数

$$\boldsymbol{X} = \boldsymbol{X}(\omega) = (X_1(\omega), \cdots, X_n(\omega))$$

为 n 维随机变量或 n 维随机向量；称

$$F(x_1, \cdots, x_n) = P(\omega : X_1(\omega) \leqslant x_1, \cdots, X_n(\omega) \leqslant x_n)$$
$$= P(X_1 \leqslant x_1, \cdots, X_n \leqslant x_n), \ \boldsymbol{x} = (x_1, \cdots, x_n) \in \mathbf{R}^n$$

为 $\boldsymbol{X} = (X_1, \cdots, X_n)$ 的联合分布函数.

离散型多维随机变量的概率分布通常用联合分布律表示，即

$$P_{x_n} = P(X_1 = x_1, \cdots, X_n = x_n) \tag{1.13}$$

其与分布函数的关系为

$$F(y_1, \cdots, y_n) = \sum_{\substack{x_i \leqslant y_i \\ i=1,\cdots,n}} P(X_1 = x_1, \cdots, X_n = x_n), \ \boldsymbol{y} = (y_1, \cdots, y_n) \in \mathbf{R}^n \tag{1.14}$$

连续型多维随机变量的概率分布通常用联合概率密度函数表示，即

$$F(y_1, \cdots, y_n) = \int_{-\infty}^{y_1} \cdots \int_{-\infty}^{y_n} f(x_1, \cdots, x_n) \mathrm{d}x_1 \cdots \mathrm{d}x_n \tag{1.15}$$

其与分布函数的关系为

$$\frac{\partial F(y_1, \cdots, y_n)}{\partial y_1 \cdots \partial y_n} = f(y_1, \cdots, y_n) \tag{1.16}$$

定理 1.2.1 若 $F(x_1, x_2, \cdots, x_n)$ 为 $(X_1, X_2, \cdots, X_n)$ 的联合分布函数，则

$$F_{X_i}(x_i) = P(X_i \leqslant x_i) = F_{X_i}(-\infty, \cdots, x_i, \cdots, +\infty)$$
$$= \lim_{\substack{x_k \to +\infty \\ k \neq i}} F(x_1, x_2, \cdots, x_n)$$

$$F_{X_i X_j}(x_i, x_j) = P(X_i \leqslant x_i, X_j \leqslant x_j) = \lim_{\substack{x_k \to +\infty \\ k \neq i, j}} F(x_1, x_2, \cdots, x_n)$$

$$F_{X_{i_1} X_{i_2} \cdots X_{i_m}}(x_{i_1}, x_{i_2}, \cdots, x_{i_m}) = P(X_{i_1} \leqslant x_{i_1}, X_{i_2} \leqslant x_{i_2}, \cdots, X_{i_m} \leqslant x_{i_m}) = \lim_{\substack{x_k \to +\infty \\ k \neq i_1, \cdots, i_m}} F(x_1, x_2, \cdots, x_n)$$

分别称作 $(X_1, X_2, \cdots, X_n)$ 关于 X_i，(X_i, X_j)，$(X_{i_1}, X_{i_2}, \cdots, X_{i_m})$ 的边缘分布函数.

1.3 随机变量的独立性

定义 1.3.1 设 $\boldsymbol{X} = (X_1, X_2, \cdots, X_n)$ 为 n 维随机变量，若对任意 $x_1, x_2, \cdots, x_n \in \mathbf{R}$，有

$$P(X_1 \leqslant x_1, X_2 \leqslant x_2, \cdots, X_n \leqslant x_n) = \prod_{i=1}^{n} P(X_i \leqslant x_i)$$

则称 $X_1, X_2, \cdots, X_n$ 是相互独立的.

上面的定义是通过联合分布函数和边缘分布函数的关系给出随机变量的独立性定义，也可以类似地通过联合分布律或联合概率密度函数来判断随机变量的独立性.

定理 1.3.1 设 $\boldsymbol{X} = (X_1, X_2, \cdots, X_n)$ 为 n 维离散型随机变量，则 $X_1, X_2, \cdots, X_n$ 相互独立的充要条件是对任意 $x_1, x_2, \cdots, x_n \in \mathbf{R}$，有

$$P(X_1 = x_1, X_2 = x_2, \cdots, X_n = x_n) = \prod_{i=1}^{n} P(X_i = x_i)$$

定理 1.3.2 设 $X = (X_1, X_2, \cdots, X_n)$ 为 n 维连续型随机变量,则 $X_1, X_2, \cdots, X_n$ 相互独立的充要条件是对任意 $x_1, x_2, \cdots, x_n \in \mathbf{R}$,有

$$f(x_1, x_2, \cdots, x_n) = \prod_{i=1}^{n} f_{X_i}(x_i)$$

其中 $f_{X_i}(x_i)$ 是 X_i 的概率密度,$f(x_1, x_2, \cdots, x_n)$ 是 $X = (X_1, X_2, \cdots, X_n)$ 的联合概率密度.

独立性是概率论中的重要概念,在实际问题中,独立性的判断通常是根据经验或者具体情况来确定的.

1.4 随机变量的数字特征

随机变量的分布虽然完整地刻画了随机变量取值的概率分布,但是若用一些有特定含义的数字来描述随机变量的某些重要特征会更加简单而且直观.

定义 1.4.1 设随机变量 X 的分布函数是 $F(x)$,若 $\int_{-\infty}^{+\infty} |x| \mathrm{d}F(x) < +\infty$,则称

$$E(X) = \int_{-\infty}^{+\infty} x \mathrm{d}F(x)$$

为 X 的数学期望或均值.

若 X 是离散型随机变量,分布律为 $p_k = P(X = k)(k = 1, 2, \cdots)$,则

$$E(X) = \sum_{k=1}^{+\infty} x_k p_k \tag{1.17}$$

若 X 是连续型随机变量,概率密度为 $f(x)$,则

$$E(X) = \int_{-\infty}^{+\infty} x f(x) \mathrm{d}x \tag{1.18}$$

定理 1.4.1 设随机变量 X 的分布函数是 $F(x)$,且 $Y = g(X)$,若 $\int_{-\infty}^{+\infty} |g(x)| \mathrm{d}F(x) < +\infty$,则随机变量 X 的函数 $Y = g(X)$ 的数学期望为

$$E[g(X)] = \int_{-\infty}^{+\infty} g(x) \mathrm{d}F(x)$$

若 X 是离散型随机变量,分布律为 $p_k = P(X = k)(k = 1, 2, \cdots)$,则

$$E[g(X)] = \sum_{k=1}^{+\infty} g(x_k) p_k \tag{1.19}$$

若 X 是连续型随机变量,概率密度为 $f(x)$,则

$$E[g(X)] = \int_{-\infty}^{+\infty} g(x) f(x) \mathrm{d}x \tag{1.20}$$

定义 1.4.2 设 X 是随机变量,若 $E(X^2) < +\infty$,则称

$$D(X) = E\{[X - E(X)]^2\} \tag{1.21}$$

为 X 的方差,也作 $Var(X)$.

定义 1.4.3 设 X, Y 为随机变量,若 $E(X^2) < +\infty$,$E(Y^2) < +\infty$,则称

$$Cov(X, Y) = E\{[X - E(X)][Y - E(Y)]\} \tag{1.22}$$

为 X, Y 的协方差,而

$$\rho_{XY} = \frac{Cov(X,Y)}{\sqrt{D(X)}\sqrt{D(Y)}} \qquad (1.23)$$

为 X , Y 的相关系数.

以上各数字特征的意义如下.

（1）数学期望 $E(X)$ 描述了 X 的平均值.

（2）方差 $D(X)$ 描述了 X 的取数的分散程度.

（3） X 与 Y 的协方差及相关系数都是对 X 与 Y 之间线性相关性的描述,协方差或相关系数为 0 时,表示 X 与 Y 无线性关系,即不相关;大于 0 时,表示 X 与 Y 呈正向线性关系;小于 0 时,表示 X 与 Y 呈负向线性关系.

（4） ρ_{XY} 对 X 与 Y 之间线性相关的程度进行了量化描述, ρ_{XY} 的值域为 $[-1,1]$,当 $|\rho_{XY}| = 1$ 时, X 与 Y 有完全线性关系,即 $Y = bX + a$;当 $\rho_{XY} = 0$ 时, X 与 Y 没有线性关系,即不相关;当 $|\rho_{XY}|$ 接近于 1 时, X 与 Y 的线性相关程度较强;当 $|\rho_{XY}|$ 接近于 0 时, X 与 Y 的线性相关程度较弱.特别注意, X 与 Y 不相关时,只表示它们没有线性关系,但可能有其他的函数关系,故未必相互独立.

下面列举说明各数字特征的重要性质.

数学期望具有如下性质:

（1）若 n 维随机变量 $(X_1,\cdots,X_n)$ 的联合分布函数为 $F(x_1,\cdots,x_n)$, $g(x_1,\cdots,x_n)$ 是 n 维连续函数,则

$$E[g(x_1,\cdots,x_n)] = \int_{-\infty}^{+\infty}\cdots\int_{-\infty}^{+\infty} g(x_1,\cdots,x_n)\mathrm{d}F(x_1,\cdots,x_n)$$

（2） $E(c) = c$,其中 c 是常数;

（3） $E(aX + bY) = aE(X) + bE(Y)$,其中 a,b 是常数;

（4）若 X , Y 独立,则 $E(XY) = E(X)E(Y)$.

方差具有如下性质:

（1） $D(c) = 0$,其中 c 是常数;

（2）若 X , Y 独立,则 $D(aX + bY) = a^2 D(X) + b^2 D(Y)$,其中 a,b 是常数;

（3）契比雪夫不等式,设随机变量 X 具有数学期望 $E(X) = \mu$,方差 $D(X) = \sigma^2$,则对于任意正数 ε ,有

$$P\{|X - \mu| \geqslant \varepsilon\} \leqslant \frac{\sigma^2}{\varepsilon^2} \qquad (1.24)$$

（4）若 C 是常数,则随机变量 $X = C$ 的充要条件是 $D(X) = 0$,且 $E(X) = C$.

特别地:随机变量 $X = 0$ 的充要条件是 $E(X^2) = 0$.

协方差具有如下性质:

（1） $Cov(X,c) = 0$,其中 c 是常数;

（2） $Cov(aX,bY) = abCov(X,Y)$,其中 a,b 是常数;

（3） $Cov(X_1 + X_2,Y) = Cov(X_1,Y) + Cov(X_2,Y)$;

（4）若 X , Y 独立,则 $Cov(X,Y) = 0$;

（5）$Cov(X,X)=D(X)$.

相关系数具有如下性质：

（1）$|\rho_{XY}|\leq 1$；

（2）$|\rho_{XY}|=1$ 的充要条件是存在常数 a_0,b_0，使 $P(Y=a_0X+b_0)=1$.

柯西 - 施瓦茨（Cauchy-Schwarz）不等式：对于随机变量 X，Y（可以是复随机变量），若 $E(|X|^2)<+\infty$，$E(|Y|^2)<+\infty$，则

$$E(|XY|)\leq\sqrt{E(|X|^2)E(|Y|^2)} \tag{1.25}$$

特别地

$$E(|X|)\leq\sqrt{E(|X|^2)} \tag{1.26}$$

由此结论知，若随机变量二阶矩存在，那么一阶矩必存在.

多维随机变量的数字特征有如下的定义和性质.

定义 1.4.4　设 n 维随机变量 $\boldsymbol{X}=(X_1,X_2,\cdots,X_n)'$，若所有 $E(X_i)$ 和 $Cov(X_i,X_j)$ 都存在，则称

$$\boldsymbol{\mu}=[E(X_1),E(X_2),\cdots,E(X_n)]'$$

为 $\boldsymbol{X}$ 的均值向量，记为 $E(\boldsymbol{X})$；称

$$\begin{pmatrix} Cov(X_1,X_1) & Cov(X_1,X_2) & \cdots & Cov(X_1,X_n) \\ Cov(X_2,X_1) & Cov(X_2,X_2) & \cdots & Cov(X_2,X_n) \\ \vdots & \vdots & & \vdots \\ Cov(X_n,X_1) & Cov(X_n,X_2) & \cdots & Cov(X_n,X_n) \end{pmatrix}$$

为 $\boldsymbol{X}$ 的协方差矩阵或方差，记为 $D(\boldsymbol{X})$.

性质　若设 n 维随机变量 $\boldsymbol{X}=(X_1,X_2,\cdots,X_n)'$ 的均值向量为 $E(\boldsymbol{X})=\boldsymbol{\mu}$，协方差矩阵 $D(\boldsymbol{X})=\boldsymbol{B}$，$\boldsymbol{A}$ 是一个 $m\times n$ 矩阵，$\boldsymbol{Y}=\boldsymbol{AX}$，则 $\boldsymbol{Y}$ 是一个 m 维随机变量，且

$$E(\boldsymbol{Y})=\boldsymbol{A\mu}，\quad D(\boldsymbol{Y})=\boldsymbol{ABA}'$$

1.5　特征函数

特征函数是研究随机变量的一个重要工具，有些情况下用特征函数研究随机变量的性质比用分布函数更加简单方便.

定义 1.5.1　设随机变量 X 的分布函数为 $F(x)$，$t\in\mathbf{R}$，称

$$g(t)\triangleq E(\mathrm{e}^{\mathrm{i}tX})=\int_{-\infty}^{+\infty}\mathrm{e}^{\mathrm{i}tx}\mathrm{d}F(x)$$

为 X 的特征函数.

当 X 是离散型随机变量时，

$$g(t)=\sum_{k=1}^{+\infty}\mathrm{e}^{\mathrm{i}tx_k}P(X=x_k) \tag{1.27}$$

当 X 是连续型随机变量时，

$$g(t) = \int_{-\infty}^{+\infty} \mathrm{e}^{\mathrm{i}tx} f(x) \mathrm{d}x \qquad (1.28)$$

其中 $f(x)$ 为 X 的概率密度.

由于 $E(|\mathrm{e}^{\mathrm{i}tX}|) = 1$,所以随机变量的特征函数必然存在.

例 1.5.1 求下列分布的特征函数:

（1）两点分布 $P\{X = 1\} = p, P\{X = 0\} = 1 - p$;

（2）泊松分布 $P\{X = k\} = \dfrac{\lambda^k \mathrm{e}^{-\lambda}}{k!} (k = 0, 1, 2, \cdots)$,其中 $\lambda > 0$ 是常数;

（3）指数分布 $f(x) = \begin{cases} \lambda \mathrm{e}^{-\lambda x}, & x \geqslant 0 \\ 0, & x < 0 \end{cases} (\lambda > 0)$;

（4）均匀分布 $f(x) = \begin{cases} \dfrac{1}{b - a}, & a < x < b \\ 0, & \text{其他} \end{cases}$.

解 （1）$g(t) = E(\mathrm{e}^{\mathrm{i}tX}) = \mathrm{e}^{\mathrm{i}t \cdot 0}(1 - p) + \mathrm{e}^{\mathrm{i}t \cdot 1} p$

$\qquad\qquad = 1 - p + p\mathrm{e}^{\mathrm{i}t} = q + p\mathrm{e}^{\mathrm{i}t}, \qquad q = 1 - p$;

（2）$g(t) = E(\mathrm{e}^{\mathrm{i}tX}) = \sum\limits_{k=0}^{+\infty} \mathrm{e}^{\mathrm{i}tk} \dfrac{\lambda^k}{k!} \mathrm{e}^{-\lambda} = \mathrm{e}^{\lambda(\mathrm{e}^{\mathrm{i}t} - 1)}$;

（3）$g(t) = E(\mathrm{e}^{\mathrm{i}tX}) = \int_0^{+\infty} \mathrm{e}^{\mathrm{i}tx} \lambda \mathrm{e}^{-\lambda x} \mathrm{d}x$

$\qquad = \int_0^{+\infty} \lambda \mathrm{e}^{(\mathrm{i}t - \lambda)x} \mathrm{d}x = \dfrac{\lambda}{\mathrm{i}t - \lambda} \left[\mathrm{e}^{(\mathrm{i}t - \lambda)x} \right]_0^{+\infty}$

$\qquad = \dfrac{\lambda}{\lambda - \mathrm{i}t} = \dfrac{1}{1 - \dfrac{\mathrm{i}t}{\lambda}}$;

（4）$g(t) = E(\mathrm{e}^{\mathrm{i}tX}) = \int_a^b \dfrac{\mathrm{e}^{\mathrm{i}tx}}{b - a} \mathrm{d}x = \dfrac{\mathrm{e}^{\mathrm{i}bt} - \mathrm{e}^{\mathrm{i}at}}{\mathrm{i}t(b - a)}$.

常见随机变量的特征函数见表 1.1.

表 1.1　常见随机变量的特征函数

分布	分布律或概率密度	期望	方差	特征函数
两点分布 （0-1 分布）	$P(X = 1) = p, P(X = 0) = q,$ $0 < p < 1, p + q = 1$	p	pq	$q = p\mathrm{e}^{\mathrm{i}t}$
二项分布	$P(X = k) = C_n^k p^k q^{n-k},$ $0 < p < 1, p + q = 1, k = 0, 1, \cdots, n$	np	npq	$(q + p\mathrm{e}^{\mathrm{i}t})^n$
泊松分布	$P(X = k) = \dfrac{\lambda^k}{k!} \mathrm{e}^{-\lambda},$ $\lambda > 0,$ $k = 0, 1, \cdots$	λ	λ	$\mathrm{e}^{\lambda(\mathrm{e}^{\mathrm{i}t} - 1)}$
几何分布	$P(X = k) = pq^{k-1},$ $0 < p < 1,$ $p + q = 1, k = 1, 2, \cdots$	$\dfrac{1}{p}$	$\dfrac{q}{p^2}$	$\dfrac{p\mathrm{e}^{\mathrm{i}t}}{1 - q\mathrm{e}^{\mathrm{i}t}}$

续表

分布	分布律或概率密度	期望	方差	特征函数
均匀分布	$f(x)=\begin{cases}\dfrac{1}{b-a},a<x<b\\0,\qquad 其他\end{cases}$	$\dfrac{a+b}{2}$	$\dfrac{(b-a)^2}{12}$	$\dfrac{\mathrm{e}^{itb}-\mathrm{e}^{ita}}{it(b-a)}$
正态分布（$N(a,\sigma^2)$）	$f(x)=\dfrac{1}{\sqrt{2\pi}\sigma}\mathrm{e}^{-\frac{(x-a)^2}{2\sigma^2}}$	a	σ^2	$\mathrm{e}^{iat-\frac{1}{2}\sigma^2t^2}$
指数分布	$f(x)=\begin{cases}\lambda\mathrm{e}^{-\lambda x},x\geq 0\\0,\qquad x<0\end{cases},\lambda>0$	$\dfrac{1}{\lambda}$	$\dfrac{1}{\lambda^2}$	$\left(1-\dfrac{it}{\lambda}\right)^{-1}$

随机变量的特征函数具有如下性质：

（1）$g(0)=1$；

（2）$|g(t)|\leq 1$；

（3）$g(-t)=\overline{g(t)}$；

（4）$g(t)$ 在 $(-\infty,+\infty)$ 上一致连续；

（5）若随机变量 X 的 n 阶矩 $E(X^n)$ 存在，则 X 的特征函数 $g(t)$ 可微分 n 次，且当 $k\leq n$ 时，有

$$g^{(k)}(0)=\mathrm{i}^k E(X^k)$$

（6）$g(t)$ 是非负定函数，即对任意正整数 n 及任意实数 $t_1,t_2,\cdots,t_n$ 和复数 $z_1,z_2,\cdots,z_n$，有

$$\sum_{k,l=1}^{n}g(t_k-t_l)z_k\overline{z_l}\geq 0$$

（7）若 $X_1,X_2,\cdots,X_n$ 是相互独立的随机变量，则 $X=\sum_{i=1}^{n}X_i$ 的特征函数为

$$g(t)=\prod_{i=1}^{n}g_i(t)$$

其中 $g_i(t)$ 是随机变量 X_i 的特征函数（$i=1,2,\cdots,n$）；

（8）X 的特征函数为 $g_X(t)$，若 $Y=aX+b$，则 Y 的特征函数为 $g_Y(t)=\mathrm{e}^{itb}g_X(at)$；

（9）X 的特征函数唯一确定其分布函数.

只证明（5）和（8）.

性质（5）的证明：不妨设 X 为连续型随机变量，概率密度为 $f(x)$，则有

$$g(t)=\int_{-\infty}^{+\infty}\mathrm{e}^{itx}f(x)\mathrm{d}x \qquad (1.29)$$

因为 $E(X^n)$ 存在，式（1.29）两边同时逐次求导，且右边求导和积分可交换次序，得

$$g'(t)=\int_{-\infty}^{+\infty}\mathrm{i}x\mathrm{e}^{itx}f(x)\mathrm{d}x$$

$$g''(t)=\int_{-\infty}^{+\infty}(\mathrm{i}x)^2\mathrm{e}^{itx}f(x)\mathrm{d}x$$

$$\cdots\cdots$$

$$g^{(k)}(t)=\int_{-\infty}^{+\infty}(\mathrm{i}x)^k\mathrm{e}^{itx}f(x)\mathrm{d}x,k\leq n \qquad (1.30)$$

式（1.30）中取 $t=0$ 得

$$g^{(k)}(0) = \int_{-\infty}^{+\infty} (\mathrm{i}x)^k f(x)\mathrm{d}x = \mathrm{i}^k \int_{-\infty}^{+\infty} x^k f(x)\mathrm{d}x = \mathrm{i}^k E(X^k)$$

性质（8）的证明：

$$g_Y(t) = E(\mathrm{e}^{\mathrm{i}tY}) = E(\mathrm{e}^{\mathrm{i}t(aX+b)}) = \mathrm{e}^{\mathrm{i}tb} E(\mathrm{e}^{\mathrm{i}taX}) = \mathrm{e}^{\mathrm{i}tb} g_X(at)$$

证毕.

例 1.5.2　$X \sim B(n,p)$，求其特征函数.

解　设 $X_i(i=1,2,\cdots,n)$ 是 n 个相互独立的随机变量，且符合参数为 p 的 0-1 分布，则二项分布可表示为 $X = X_1 + \cdots + X_n$，由特征函数的性质（7），有

$$g_X(t) = E\mathrm{e}^{\mathrm{i}tX} = E\mathrm{e}^{\mathrm{i}t(X_1+X_2+\cdots+X_n)}$$

$$= \prod_{k=1}^{n} g_{X_k}(t) = (q+p\mathrm{e}^{\mathrm{i}t})^n, \quad q = 1-p$$

例 1.5.3　设随机变量 X,Y 相互独立，$X \sim B(n,p)$，$Y \sim B(m,p)$，证明：$X+Y \sim B(n+m,p)$.

证明　X,Y 的特征函数分别为

$$g_X(t) = (q+p\mathrm{e}^{\mathrm{i}t})^n, \quad g_Y(t) = (q+p\mathrm{e}^{\mathrm{i}t})^m, \ q = 1-p$$

由特征函数的性质（7），有 $X+Y$ 的特征函数为

$$g_{X+Y}(t) = g_X(t)g_Y(t) = (q+p\mathrm{e}^{\mathrm{i}t})^{n+m}, \ q = 1-p$$

因此 $X+Y \sim (n+m,p)$.

例 1.5.4　用特征函数求指数分布的均值、方差.

解　指数分布的特征函数为

$$g(t) = \left(1 - \frac{\mathrm{i}t}{\lambda}\right)^{-1}$$

$$g'(t) = \frac{\mathrm{i}}{\lambda}\left(1 - \frac{\mathrm{i}t}{\lambda}\right)^{-2}$$

$$g''(t) = 2\left(\frac{\mathrm{i}}{\lambda}\right)^2 \left(1 - \frac{\mathrm{i}t}{\lambda}\right)^{-3}$$

$$g'(0) = \frac{\mathrm{i}}{\lambda} = \mathrm{i}E(X) \Rightarrow E(X) = \frac{1}{\lambda}$$

$$g''(0) = 2\left(\frac{\mathrm{i}}{\lambda}\right)^2 = \mathrm{i}^2 E(X^2) \Rightarrow E(X^2) = \frac{2}{\lambda^2}$$

$$D(X) = E(X^2) - [E(X)]^2 = \frac{1}{\lambda^2}$$

可以类似定义多维随机变量的特征函数如下.

定义 1.5.2　设 $\boldsymbol{X} = (X_1,X_2,\cdots,X_n)'$ 是 n 维随机变量，$\boldsymbol{t} = (t_1,t_2,\cdots,t_n)' \in \mathbf{R}^n$，则称

$$g(t) = g(t_1,t_2,\cdots,t_n) = E(\mathrm{e}^{\mathrm{i}t'X}) = E(\mathrm{e}^{\mathrm{i}\sum_{k=1}^{n} t_k X_k}) \tag{1.31}$$

为 n 维随机变量 $\boldsymbol{X}$ 的特征函数.

n 维随机变量的特征函数具有类似于一维随机变量的特征函数的性质.

特别地,若 $E(|X_1^{k_1}\cdots X_r^{k_r}|)$ 存在,则

$$\frac{\partial^n g(0,0,\cdots,0)}{\partial t_1^{k_1}\partial t_2^{k_2}\cdots\partial t_r^{k_r}}=\mathrm{i}^n E(X_1^{k_1}\cdots X_r^{k_r}),\ k_1+\cdots+k_r=n \tag{1.32}$$

1.6　n 维正态分布

正态分布是一个在数学、物理及工程等领域都非常重要的概率分布.

定义 1.6.1　设 $\boldsymbol{B}=(b_{ij})$ 是 n 阶正定实对称矩阵, $\boldsymbol{\mu}$ 是 n 维实列向量,若 n 维随机变量 $\boldsymbol{X}=(X_1,X_2,\cdots,X_n)'$ 的联合概率密度函数为

$$f(\boldsymbol{x})=\frac{1}{(2\pi)^{\frac{n}{2}}|\boldsymbol{B}|^{\frac{1}{2}}}\exp[-\frac{1}{2}(\boldsymbol{x}-\boldsymbol{\mu})'\boldsymbol{B}^{-1}(\boldsymbol{x}-\boldsymbol{\mu})] \tag{1.33}$$

则称 $\boldsymbol{X}$ 服从 n 维正态分布,记作 $\boldsymbol{X}\sim N(\boldsymbol{\mu},\boldsymbol{B})$.

n 维正态分布具有如下性质.

（1）若 $(X_1,X_2,\cdots,X_n)$ 是 n 维正态变量,则每一个分量 $X_i(i=1,2,\cdots,n)$ 都是正态变量;反之未必. 但是,若每一个分量 X_i 都是正态变量,且相互独立,则 $(X_1,X_2,\cdots,X_n)$ 是 n 维正态变量.

（2）n 维随机变量 $(X_1,X_2,\cdots,X_n)$ 服从 n 维正态分布的充要条件是 $X_1,X_2,\cdots,X_n$ 的任意线性组合 $l_1X_1+\cdots+l_nX_n$ 服从一维正态分布（其中 $l_1,l_2,\cdots,l_n$ 不全为零）.

（3）若 $(X_1,X_2,\cdots,X_n)$ 服从 n 维正态分布,设 $Y_1,Y_2,\cdots,Y_k$ 是 $X_j(j=1,2,\cdots,n)$ 的线性函数,则 $(Y_1,Y_2,\cdots,Y_k)$ 也服从 n 维正态分布.（线性变换不变性）

（4）设 $(X_1,X_2,\cdots,X_n)$ 服从 n 维正态分布,则"$X_1,X_2,\cdots,X_n$ 相互独立"与"$X_1,X_2,\cdots,X_n$ 两两不相关"是等价的.

例 1.6.1　设随机变量 (X,Y) 服从二维正态分布,且有 $D(X)=\sigma_X^2,D(Y)=\sigma_Y^2$. 证明:当 $a^2=\sigma_X^2/\sigma_Y^2$ 时,随机变量 $W=X-aY,V=X+aY$ 相互独立.

证明　因为 (X,Y) 服从二维正态分布,而 W,V 都是 X,Y 的线性组合,由 n 维正态分布的性质（3）知:(W,V) 服从二维正态分布. 根据 n 维正态分布的性质（4）, W,V 相互独立等价于 W,V 不相关,所以下面证明 $Cov(W,V)=0$.

$$\begin{aligned}Cov(W,V)&=Cov(X-aY,X+aY)\\&=Cov(X,X)+Cov(X,aY)+Cov(-aY,X)+Cov(-aY,aY)\\&=D(X)-a^2D(Y)\\&=\sigma_X^2-a^2\sigma_Y^2\end{aligned}$$

当 $a^2=\sigma_X^2/\sigma_Y^2$ 时, $Cov(W,V)=0$,所以 $W=X-aY,V=X+aY$ 相互独立.

定理 1.6.1　若 $\boldsymbol{X}\sim N(\boldsymbol{\mu},\boldsymbol{B})$,则 $\boldsymbol{X}$ 的特征函数为

$$g(\boldsymbol{t})=\exp(\mathrm{i}\boldsymbol{\mu}'\boldsymbol{t}-\frac{1}{2}\boldsymbol{t}'\boldsymbol{Bt}) \tag{1.34}$$

其中 $\boldsymbol{t}=(t_1,t_2,\cdots,t_n)'\in\mathbf{R}^n$.

1.7 条件数学期望与全期望公式

条件分布和条件期望在随机过程中占有非常重要的位置,条件期望的概念有两个重要用途:一方面它为预报问题提供了一种可能的途径;另一方面它也为相依随机变量的研究提供了一种有效的分析工具.

定义 1.7.1 在 $Y=y$ 条件下随机变量 X 的分布称为 $Y=y$ 条件下 X 的条件分布.

若 (X,Y) 为离散型随机变量, $Y=y_j$ 条件下 X 的条件分布律为

$$P(X=x_i\,|\,Y=y_j)=\frac{P(X=x_i,Y=y_j)}{P(Y=y_j)},i=1,2,\cdots \quad (1.35)$$

若 (X,Y) 为连续型随机变量, $Y=y$ 条件下 X 的条件概率密度为

$$f_{X|Y}(x\,|\,y)=\frac{f(x,y)}{f_Y(y)} \quad (1.36)$$

其中 $f(x,y)$ 为其联合概率密度, $f_X(x)$, $f_Y(y)$ 分别为 X 与 Y 的边缘概率密度.

定义 1.7.2 在 $Y=y$ 条件下随机变量 X 的数学期望称为 $Y=y$ 条件下 X 的条件数学期望,记为 $E(X\,|\,Y=y)$.

若 (X,Y) 为离散型随机变量,则

$$E(X\,|\,Y=y)=\sum_x xP(X=x\,|\,Y=y) \quad (1.37)$$

若 (X,Y) 为连续型随机变量,则

$$E(X\,|\,Y=y)=\int_{-\infty}^{+\infty} xf(x\,|\,y)\mathrm{d}x \quad (1.38)$$

下面不加证明地给出条件概率的几个重要性质.

性质 1 若 X,Y 相互独立,则 $E(X\,|\,Y)=E(X)$.

性质 2 $E(c\,|\,Y)=c$,其中 c 为常数.

性质 3 $E[g(Y)\,|\,Y]=g(Y)$, $g(Y)$ 是均值有限的随机变量.

性质 4 $E[Xg(Y)\,|\,Y]=g(Y)E(X\,|\,Y)$, $g(Y)$ 是均值有限的随机变量.

性质 5 $E(Y+Z\,|\,X)=E(Y\,|\,X)+E(Z\,|\,X)$, Y,Z 是均值有限的随机变量.

定理 1.7.1(全期望公式) 设 $h(y)=E(X\,|\,Y=y)$ 是 $Y=y$ 条件下 X 的条件数学期望, $h(Y)=E(X\,|\,Y)$ 是相应的随机变量,则有

$$E(X)=E[E(X\,|\,Y)] \quad (1.39)$$

若 (X,Y) 为离散型随机变量,则

$$E(X)=\sum_y E(X\,|\,Y=y)P(Y=y) \quad (1.40)$$

若 (X,Y) 为连续型随机变量,则

$$E(X)=\int_{-\infty}^{+\infty} E(X\,|\,Y=y)f(y)\mathrm{d}y \quad (1.41)$$

证明 仅对 (X,Y) 为连续型随机变量时进行证明.

设 $f(x,y)$ 为 (X,Y) 的联合概率密度, $f_Y(y)$ 为关于 Y 的边缘概率密度,则

$$E[E(X\,|\,Y)]=\int_{-\infty}^{+\infty}E(X\,|\,Y=y)f_Y(y)\mathrm{d}y$$
$$=\int_{-\infty}^{+\infty}[\int_{-\infty}^{+\infty}xf_{X|Y}(x\,|\,y)\mathrm{d}x]f_Y(y)\mathrm{d}y$$
$$=\int_{-\infty}^{+\infty}[\int_{-\infty}^{+\infty}xf(x,y)\mathrm{d}x]\mathrm{d}y=E(X)$$

证毕.

例 1.7.1　$X_1,X_2,\cdots,X_n,\cdots$ 相互独立且同分布, N 是取非负整值的随机变量, 且与 $X_1,X_2,\cdots,X_n,\cdots$ 独立, $Y=\sum_{k=1}^{N}X_k$, 则

$$E(Y)=E(N)E(X_1) \tag{1.42}$$

证明　$E(Y\,|\,N=n)=E\left(\sum_{i=1}^{n}X_i\,|\,N=n\right)=E\left(\sum_{i=1}^{n}X_i\right)=nE(X_1)$

显然 $E(Y\,|\,N=n)$ 是 n 的函数, 故

$$E(Y\,|\,N)=NE(X_1)$$
$$E(Y)=E[E(Y\,|\,N)]=E[NE(X_1)]=E(N)E(X_1) \qquad.$$

习题 1

1. 以三次投硬币试验来说明概率空间的构造.

2. X,Y 独立并且均服从标准正态分布.

（1）求出 $X+Y,X-Y$ 以及 $(X+Y,X-Y)$ 的分布;

（2）$X+Y$ 与 $X-Y$ 是否相互独立? 为什么?

3. 用特征函数求正态分布的均值、方差.

4. 设 $X\sim N(0,1)$, 并且当给定 $X=x$ 时随机变量 Y 的条件分布为 $N(\rho x,1-\rho^2)$, 求 $E(X\,|\,Y)$.

5. 若定义随机变量 X 的条件方差为 $D(X\,|\,Y)=E[|\,X-E(X\,|\,Y)|^2\,|\,Y]$, $E(X^2)<+\infty$. 试分析条件方差的性质, 并证明 $D(X\,|\,Y)=E[D(X\,|\,Y)]+D[E(X\,|\,Y)]$.

思考题

讨论确定性和随机性的辩证关系.

第2章 数理统计的基本概念

概率论和数理统计都以大量随机现象的统计规律性为研究对象. 概率论的特点:首先提出随机现象的数学模型,然后研究其性质、特点和规律性. 数理统计的特点:以统计数据为出发点,以概率论为理论基础来研究随机现象;为随机现象选择数学模型,并在此基础上对随机现象的性质、特点和规律性做出推断.

在解决实际问题时,事件的概率、随机变量的分布和数字特征一般事先并不为人所知,但可对随机现象进行观测或试验,以取得所需的数据资料,然后通过处理和分析这些数据来研究随机现象的客观规律性,并依此做出统计推断、预测或决策,这也是数理统计的基本思想和方法.

2.1 总体与样本

2.1.1 总体与个体

在数理统计中,把研究对象的全体称为**总体**,而把构成总体的每个元素称为**个体**. 总体中所含个体的数目称为总体的**容量**,容量有限的总体称为**有限总体**,容量无限的总体称为**无限总体**. 例如,要研究一批灯泡的寿命,则这批灯泡就构成一个有限总体,其中每一个灯泡就是一个个体. 事实上,大多数情况下人们关心的不是灯泡本身,而是灯泡的某个数量指标以及它的分布情况. 这样,总体就是由一堆数组成的,这些数有大有小,有的出现机会大,有的出现机会小,而且这些数事先不能确定,总体中的每个个体都对应着一个数,由此认为总体中的这个数量指标是一个随机变量,因此可以用概率分布去描述和归纳总体. 从这个意义来说,**总体又可概括为一个随机变量或一个分布**. 在有些问题中,对每一个研究对象可能要观测两个甚至多个指标,此时可以用多维随机变量及其联合分布来描述总体,这种总体又称为多维总体. 例如,要了解某高校大学生的三个指标——年龄、身高和体重,则可用一个三维随机变量来描述总体.

2.1.2 样本

为了研究总体的情况,只能从总体中抽取一部分个体来进行分析,继而对总体的分布以及其他情况进行合理推断. 假设从总体中随机地抽取 n 个个体 $X_1, X_2, \cdots, X_n$,记其指标值分别为 $x_1, x_2, \cdots, x_n$,则 $(X_1, X_2, \cdots, X_n)$ 称为总体的一个**样本**,n 称为**样本容量**. 若总体为有限总体,容量为 N,那么可抽取 C_N^n 个样本容量为 n 的样本. 若研究对象有多个观测指标,则

X_1, X_2, $\cdots$, X_n 相应地取为向量.

既然样本是总体的一部分，那么从总体中抽取样本又应该遵循什么原则呢？显然，一个基本要求是抽取出来的个体能够很好地反映总体的情况，这样利用样本对总体进行推断就更有说服力. 因此，需要对抽样方法加以限制. 假如总体中每个个体被抽到的机会是均等的，并且在抽取一个个体后总体的成分不改变，那么抽得的个体就能很好地反映总体的情况，用这种方法抽取的样本具有**随机性**和**独立性**. 一般采用**简单随机抽样**的方法.

（1）样本具有**随机性**，即要求总体中的每一个个体都有同等机会被选入样本. 因此，可用一个随机变量 X 表示总体，X_1, X_2, $\cdots$, X_n 是对总体 X 做 n 次抽样的结果，某 n 次抽样与另外 n 次抽样所得到的同一个 $X_i(i=1,2,\cdots,n)$ 一般将取不同的数值. 因此，在重复抽样中，应该把每一个 $X_i(i=1,2,\cdots,n)$ 看作一个随机变量，而且由于每次抽取都是在完全相同的条件下进行的，所以每一个 $X_i(i=1,2,\cdots,n)$ 都具有总体的特征，即每一个 $X_i(i=1,2,\cdots,n)$ 都与总体有相同的分布.

（2）样本具有**独立性**，即要求总体中每一个个体的取值不影响其他个体的取值，由于 n 次抽样的每一次抽样都是独立进行的，所以 X_1, X_2, $\cdots$, X_n 应该看作相互独立的随机变量.

用简单随机抽样方法得到的样本称为**简单随机样本**，简称**样本**. 除非特别指明，本书中的样本皆为简单随机样本. 为了明确，给出如下定义.

定义 2.1.1　如果随机变量 X_1, X_2, $\cdots$, X_n 独立且每一个 $X_i(i=1,2,\cdots,n)$ 与总体 X 有相同的概率分布，则随机变量 X_1, X_2, $\cdots$, X_n 称为来自总体 X 的容量为 n 的样本，而每一个 $X_i(i=1,2,\cdots,n)$ 称为来自总体 X 的个体. 若总体 X 有分布函数 F，也称 X_1, X_2, $\cdots$, X_n 为来自总体 F 的样本.

定理 2.1.1　若 $(X_1, X_2, \cdots, X_n)$ 是来自总体 F 的样本，则 $(X_1, X_2, \cdots, X_n)$ 的联合分布函数 $F(x_1, x_2, \cdots, x_n)$ 为 $\prod\limits_{i=1}^{n} F(x_i)$.

一个样本 X_1, X_2, $\cdots$, X_n，在抽定之前可看作 n 个随机变量，抽定之后，这个样本就是一组具体的数值 $(x_1, x_2, \cdots, x_n)$，称为一组**样本观测值**或**样本值**. 这也就是所谓的样本**二重性**：一方面，由于样本是从总体中随机抽取的，抽取前无法预知它们的数值，因此样本是随机变量；另一方面，样本在抽取以后经观测就有确定的观测值，因此样本又是一组数值. 将样本从随机变量的角度来研究，则其具有一定的概率分布，这个概率分布就称作**样本分布**. 正是由于这一点，有些数理统计教材中将样本和样本值均用小写字母表示，其含义则通过上下文来判断.

总体作为随机变量具有分布函数，与总体分布函数对应的样本特征是经验分布函数.

定义 2.1.2　设 X_1, X_2, $\cdots$, X_n 是取自总体分布函数为 $F(x)$ 的样本，若将样本观测值由小到大进行排列为 $x_{(1)}$, $x_{(2)}$, $\cdots$, $x_{(n)}$，则 $X_{(1)}$, $X_{(2)}$, $\cdots$, $X_{(n)}$ 称为**有序样本**，用有序样本定义如下函数：

$$F_n(x) = \begin{cases} 0, & x < x_{(1)} \\ k/n, & x_{(k)} \leq x < x_{(k+1)}, k = 1, 2, \cdots, n-1 \\ 1, & x \geq x_{(n)} \end{cases}$$

则称 $F_n(x)$ 为**经验分布函数**. 显然, $F_n(x)$ 是一个不减右连续函数,且满足 $F_n(-\infty) = 0$ 和 $F_n(+\infty) = 1$.

对每一个固定的 x, $F_n(x)$ 是样本事件 $\{X \leqslant x\}$ 发生的频率,当 n 固定时, $F_n(x)$ 是样本的函数,它是一个随机变量. 因此,经验分布函数具有如下性质:

（1）对于给定的 x, $F_n(x)$ 是一个统计量,其概率分布和数字特征为

$$P\left\{F_n(x) = \frac{k}{n}\right\} = C_n^k [F(x)]^k [1-F(x)]^{n-k} \quad (k = 0,1,\cdots,n)$$

$$E[F_n(x)] = F(x)$$

$$D[F_n(x)] = \frac{1}{n} F(x)[1-F(x)]$$

（2）对于给定的样本值 $(x_1, x_2, \cdots, x_n)$, $F_n(x)$ 是一个普通函数,且是阶梯函数;

（3）对于任意的 $x \in (-\infty, +\infty)$,经验分布函数 $F_n(x)$ 依概率收敛于总体的分布函数 $F(x)$.

定理 2.1.2（格里汶科定理） 设 $X_1, X_2, \cdots, X_n$ 是取自总体且分布函数为 $F_n(x)$ 的样本, $F_n(x)$ 是其经验分布函数,当 $n \to +\infty$ 时,有

$$P\left\{\sup_{-\infty < x < +\infty} |F_n(x) - F(x)| \to 0\right\} = 1$$

定理 2.1.2 表明,当 n 相当大时,经验分布函数是总体分布函数的一个良好的近似. 经典统计学中一切推断都以样本为依据,其理由就在于此.

2.2 统计量及其分布

2.2.1 统计量与抽样分布

对总体进行统计推断利用的是样本中所包含的总体信息,但是通常这些信息都是比较分散的,为了将这些分散信息集中起来以反映总体的各种特征,需要对样本进行加工、提炼. 虽然图表能帮助我们获得对总体的初步认识,但如果需要对总体各种参数进行认识分析,则需要构造样本的函数,不同的样本函数反映总体的不同特征,这些样本函数称为统计量.

定义 2.2.1 设 $X_1, X_2, \cdots, X_n$ 为取自总体的样本,若样本函数 $T = T(x_1, x_2, \cdots, x_n)$ 中不含任何未知参数,则称 T 为**统计量**. 统计量的分布称为**抽样分布**.

按照这一定义,若 $X_1, X_2, \cdots, X_n$ 为样本,则 $\sum_{i=1}^{n} X_i$, $\sum_{i=1}^{n} X_i^2$ 以及上述的经验分布函数 $F_n(x)$ 都是统计量. 而当 μ, σ^2 未知时, $X_1 - \mu$, X_1/σ 中因含有未知参数,所以不是统计量. 必须指出的是,虽然统计量不依赖于未知参数,但是它的分布一般还是依赖未知参数的. 下面将介绍一些常用统计量、次序统计量等以及它们所服从的分布.

2.2.2　三大抽样分布

对于正态总体的统计推断问题，χ^2 分布、t 分布和 F 分布是最重要的三个分布.

1. χ^2 分布

定义 2.2.2　设随机变量 $X_1, X_2, \cdots, X_n$ 独立同分布，且 $X_i \sim N(0,1)$ $(i = 1, 2, \cdots, n)$，则随机变量

$$\chi^2 = \sum_{i=1}^{n} X_i^2$$

所服从的分布称为自由度是 n 的 χ^2 分布，简记为 $\chi^2 \sim \chi^2(n)$.

定理 2.2.1　自由度为 n 的 χ^2 分布的概率密度为

$$f(x) = \begin{cases} 0, & x \le 0 \\ \dfrac{1}{2^{n/2}\,\Gamma(n/2)} x^{n/2-1}\mathrm{e}^{-x/2}, & x > 0 \end{cases}$$

其中 $\Gamma(\alpha) = \int_0^{+\infty} x^{\alpha-1}\mathrm{e}^{-x}\mathrm{d}x\,(x > 0)$ 为 Γ 函数.

由此概率密度可以得到 χ^2 变量的数学期望与方差分别为 $E(\chi^2) = n$，$D(\chi^2) = 2n$.

证明

$$E(\chi^2) = E(X) = \int_0^{+\infty} x \cdot \frac{1}{2^{n/2}\,\Gamma(n/2)} x^{n/2-1}\mathrm{e}^{-x/2}\,\mathrm{d}x$$

$$= \frac{1}{2^{n/2}\,\Gamma(n/2)} \int_0^{+\infty} 2x^{n/2}\mathrm{e}^{-x/2}\mathrm{d}(x/2)$$

$$= \frac{2}{\Gamma(n/2)} \int_0^{+\infty} t^{n/2}\mathrm{e}^{-t}\mathrm{d}t = n$$

$$E(X^2) = \int_0^{+\infty} x^2 \cdot \frac{1}{2^{n/2}\,\Gamma(n/2)} x^{n/2-1}\mathrm{e}^{-x/2}\mathrm{d}x$$

$$= \frac{1}{2^{n/2}\,\Gamma(n/2)} \int_0^{+\infty} x^{n/2+1}\mathrm{e}^{-x/2}\mathrm{d}x$$

$$= \frac{1}{2^{n/2}\,\Gamma(n/2)} \int_0^{+\infty} 2x^{n/2+1}\mathrm{e}^{-x/2}\mathrm{d}(x/2)$$

$$= \frac{4}{\Gamma(n/2)} \int_0^{+\infty} t^{n/2+1}\mathrm{e}^{-t}\mathrm{d}t = n^2 + 2n$$

$$D(\chi^2) = D(X) = E(X^2) - [E(X)]^2 = n^2 + 2n - n^2 = 2n$$

定理 2.2.2（χ^2 分布的可加性）　若 $\chi_1^2, \chi_2^2, \cdots, \chi_m^2$ 为独立的随机变量，且 $\chi_k^2 \sim \chi^2(n_k)(k = 1, 2, \cdots, m)$，则

$$\sum_{k=1}^{m} \chi_k^2 \sim \chi^2\left(\sum_{k=1}^{m} n_k\right)$$

证明　若随机变量 $X \sim N(0,1)$，则 $X^2 \sim \Gamma(1/2, 1/2)$，根据伽玛分布的可加性有

$\chi^2 \sim \Gamma(n/2, 1/2) = \chi^2(n)$，由此可见，$\chi^2(n)$ 分布是伽玛分布的特例，并且具有可加性.

定义 2.2.3 自由度为 n 的 χ^2 分布的上 α 分位数 $\chi^2_\alpha(n)$，由下式定义：

$$P\left\{\chi^2 \geq \chi^2_\alpha(n)\right\} = \alpha$$

2. t 分布

定义 2.2.4 设 X, Y 两个随机变量独立，且 $X \sim N(0,1)$，$Y \sim \chi^2(n)$，则随机变量

$$t = \frac{X}{\sqrt{Y/n}}$$

称为自由度为 n 的 t 变量，它所服从的分布称为 t 分布，通常记为 $t \sim t(n)$.

定理 2.2.3 若 $t \sim t(n)$，则 t 分布的概率密度为

$$p(x) = \frac{\Gamma\left(\dfrac{n+1}{2}\right)}{\sqrt{n\pi}\,\Gamma\left(\dfrac{n}{2}\right)} \left(1 + \frac{x^2}{n}\right)^{-\frac{n+1}{2}} \quad (-\infty < x < +\infty)$$

定义 2.2.5 自由度为 n 的 t 分布的上 α 分位数用 $t_\alpha(n)$ 表示，由下式定义：

$$P\left\{t \geq t_\alpha(n)\right\} = \alpha$$

3. F 分布

定义 2.2.6 设随机变量 X, Y 独立，且 $X \sim \chi^2(m), Y \sim \chi^2(n)$，则称随机变量

$$F = \frac{X/m}{Y/n}$$

服从自由度为 (m, n) 的 F 分布，通常记为 $F \sim F(m, n)$，其中 m 称为第一自由度，n 称为第二自由度.

显然，若 $F \sim F(m, n)$，则 $\dfrac{1}{F} \sim F(n, m)$.

定理 2.2.4 $F(m, n)$ 的分布密度为

$$f(x) = \begin{cases} 0, & x \leq 0 \\[2mm] \dfrac{\Gamma\left(\dfrac{m+n}{2}\right)}{\Gamma(m/2)\Gamma(n/2)} m^{m/2} n^{n/2} \dfrac{x^{\frac{m}{2}-1}}{(mx+n)^{(m+n)/2}}, & x > 0 \end{cases}$$

定义 2.2.7 自由度为 (m, n) 的 F 分布的上 α 分位数用 $F_\alpha(m, n)$ 表示，由下式定义：

$$P\left\{F \geq F_\alpha(m, n)\right\} = \alpha$$

由定义可知，$F_{1-\alpha}(m, n) = \dfrac{1}{F_\alpha(n, m)}$. 事实上，若 $F \sim F(m, n)$，则 $\dfrac{1}{F} \sim F(n, m)$. 由分位数的定义，可得 $P\left\{\dfrac{1}{F} < F_\alpha(n, m)\right\} = 1 - \alpha$. 由此可得

$$P\left\{F > \frac{1}{F_\alpha(n, m)}\right\} = 1 - \alpha$$

由 $F \sim F(m, n)$ 及分位数定义得

$$P\{F > F_{1-\alpha}(m,n)\} = 1-\alpha$$

比较上述两式,即得

$$F_{1-\alpha}(m,n) = \frac{1}{F_{\alpha}(n,m)}$$

2.2.3 常用统计量及其分布

1. 常用统计量

由上述统计量的定义可知统计量是随机变量 x_1, x_2, $\cdots$, x_n 的函数,下面介绍一些在统计推断中常用的统计量.

定义 2.2.8 设 X_1, X_2, $\cdots$, X_n 是来自总体 X 的容量为 n 的样本,常用的统计量如下.

样本均值为 $\bar{X} = \frac{1}{n}\sum_{i=1}^{n}X_i$,观测值为 $\bar{x} = \frac{1}{n}\sum_{i=1}^{n}x_i$.

样本方差为 $S^2 = \frac{1}{n}\sum_{i=1}^{n}(X_i - \bar{X})^2$,观测值为 $s^2 = \frac{1}{n}\sum_{i=1}^{n}(x_i - \bar{x})^2$.

样本标准差为 $S = \sqrt{\frac{1}{n}\sum_{i=1}^{n}(X_i - \bar{X})^2}$,观测值为 $s = \sqrt{\frac{1}{n}\sum_{i=1}^{n}(x_i - \bar{x})^2}$.

修正样本方差为 $S'^2 = \frac{1}{n-1}\sum_{i=1}^{n}(X_i - \bar{X})^2$,观测值为 $s'^2 = \frac{1}{n-1}\sum_{i=1}^{n}(x_i - \bar{x})^2$.

修正样本标准差为 $S' = \sqrt{\frac{1}{n-1}\sum_{i=1}^{n}(X_i - \bar{X})^2}$,观测值为 $s' = \sqrt{\frac{1}{n-1}\sum_{i=1}^{n}(x_i - \bar{x})^2}$.

样本 k 阶原点矩为 $A_k = \frac{1}{n}\sum_{i=1}^{n}X_i^k$.

样本 k 阶中心矩为 $B_k = \frac{1}{n}\sum_{i=1}^{n}(X_i - \bar{X})^k$.

样本分位数也是一个很常见的统计量,它是次序统计量的函数,设 $x_{(1)}$, $\cdots$, $x_{(n)}$ 为有序样本,则样本 p 的分位数 m_p 通常有如下定义:

$$m_p = \begin{cases} x_{([np+1])}, & np\text{不是整数} \\ \dfrac{1}{2}[x_{(np)} + x_{(np+1)}], & np\text{是整数} \end{cases}$$

当 $p = 0.5$ 时,我们将样本 0.5 的分位数 $m_{0.5}$ 称为**样本中位数**,具体定义如下:

$$m_{0.5} = \begin{cases} x_{\left(\frac{n+1}{2}\right)}, & n\text{是奇数} \\ \dfrac{1}{2}\left(x_{\left(\frac{n}{2}\right)} + x_{\left(\frac{n}{2}+1\right)}\right), & n\text{是偶数} \end{cases}$$

例如,当 $n=5$ 时,则 $m_{0.5} = x_{(3)}$;当 $n=8$ 时, $m_{0.5} = \frac{1}{2}(x_{(4)} + x_{(5)})$.

样本中位数是一个很重要的数字特征,同数学期望一样,中位数也是描述随机变量 X 的平均取值(或 X 的分布中心位置)的数字特征. 它的优点是在实际应用中用得较多,因为与数学期望相比,中位数总存在,但数学期望不一定存在;缺点是它没有像数学期望那么好的运算性质.

2. 正态总体样本均值与方差的分布

不管总体 X 服从什么分布,只要它的方差 $Var(X)$ 有限,那么样本均值 $\bar{X}$ 的期望 $E(\bar{X})$ 与方差 $Var(\bar{X})$ 均有限,而且有

$$E(\bar{X}) = E(X), Var(\bar{X}) = \frac{1}{n} Var(X)$$

定理 2.2.5　设随机变量 $X_1, X_2, \cdots, X_n$ 相互独立,且

$$X_i \sim N(\mu_i, \sigma_i^2) \quad (i = 1, 2, \cdots, n)$$

则它们的任一确定的线性函数

$$\sum_{i=1}^{n} k_i X_i \sim N\left(\sum_{i=1}^{n} k_i \mu_i, \sum_{i=1}^{n} k_i^2 \sigma_i^2 \right)$$

其中常数 $k_1, k_2, \cdots, k_n$ 不全为 0.

推论 2.2.1　设总体 $X \sim N(\mu, \sigma^2)$,$X_1, X_2, \cdots, X_n$ 是 X 的一个样本,则样本的任一确定的线性函数

$$\sum_{i=1}^{n} k_i X_i \sim N\left(\mu \sum_{i=1}^{n} k_i, \sigma^2 \sum_{i=1}^{n} k_i^2 \right)$$

其中常数 $k_1, k_2, \cdots, k_n$ 不全为 0.

推论 2.2.2　设总体 $X \sim N(\mu, \sigma^2)$,$X_1, X_2, \cdots, X_n$ 是 X 的一个样本,则样本均值 $\bar{X}$ 有

$$\bar{X} \sim N\left(\mu, \frac{\sigma^2}{n} \right) \text{ 或 } \frac{\bar{X} - \mu}{\sigma/\sqrt{n}} \sim N(0,1)$$

推论 2.2.3　设 X 与 Y 为两个正态总体,$X \sim N(\mu_1, \sigma_1^2)$,$X_1, X_2, \cdots, X_{n_1}$ 为 X 的样本,$Y \sim N(\mu_2, \sigma_2^2)$,$Y_1, Y_2, \cdots, Y_{n_2}$ 为 Y 的样本,且这两个样本独立,则这两个样本均值 $\bar{X}$ 与 $\bar{Y}$ 之差

$$\bar{X} - \bar{Y} \sim N\left(\mu_1 - \mu_2, \frac{\sigma_1^2}{n_1} + \frac{\sigma_2^2}{n_2} \right)$$

或

$$\frac{(\bar{X} - \bar{Y}) - (\mu_1 - \mu_2)}{\sqrt{\dfrac{\sigma_1^2}{n_1} + \dfrac{\sigma_2^2}{n_2}}} \sim N(0,1)$$

其中,$\bar{X} = \dfrac{1}{n_1} \sum\limits_{i=1}^{n_1} X_i, \bar{Y} = \dfrac{1}{n_2} \sum\limits_{i=1}^{n_2} Y_i$.

定理 2.2.6(Cochran 分解定理)　设 $X_1, X_2, \cdots, X_n$ 为独立同分布的随机变量,且 $X_i \sim N(0,1)(i = 1, 2, \cdots, n)$,又设 $\sum\limits_{i=1}^{n} X_i^2 = Q_1 + \cdots + Q_l$,其中 $Q_k(k = 1, 2, \cdots, l)$ 是秩为 n_k 的

$X_1, X_2, \cdots, X_n$ 的非负定二次型,则有下列两结论:

（1）$Q_1, \cdots, Q_l$ 独立;

（2）$Q_k \sim \chi^2(n_k)(k=1,2,\cdots,l)$,

成立的充要条件是 $n = n_1 + n_2 + \cdots + n_l$.

证明　先证充分性. 与 $X_1, X_2, \cdots, X_n$ 的非负定二次型 Q_j 对应的非负定矩阵为

$A_j(j=1,2,\cdots,k)$,于是有 $\sum_{j=1}^{k} A_j = I_n$. 根据线性代数知识,存在 $n \times n_j$ 阶列满秩矩阵 B_j ,使得

$A_j = B_j B_j'(j=1,2,\cdots,k)$. 记 $B = \left(B_1 \vdots B_2 \vdots \cdots \vdots B_k\right)$,注意到 $\sum_{j=1}^{k} n_j = n$,所以 B 是方阵. 又因为

$$BB' = \sum_{j=1}^{k} B_j B_j' = \sum_{j=1}^{k} A_j = I_n$$

所以 B 是正交矩阵. 作变换

$$Y = (Y_1, Y_2, \cdots, Y_n)' = B'X = \left(B_1 \vdots B_2 \vdots \cdots \vdots B_k\right)' X$$

注意到本定理中 $E(X_l) = 0$, $Var(X_l) = 1(l=1,2,\cdots,n)$,可知 $Y_1, Y_2, \cdots, Y_n$ 相互独立且

$Y_i \sim N(0,1)(i=1,2,\cdots,n)$. 因为对 $j=1,2,\cdots,k$,有

$$B_j'X = (Y_{n_1+\cdots+n_{j-1}+1}, Y_{n_1+\cdots+n_{j-1}+2}, \cdots, Y_{n_1+\cdots+n_{j-1}+n_j})'$$

其中 $n_0 = 0$,因此 $Q_j = X'A_jX = X'B_jB_j'X = \sum_{l=n_1+\cdots+n_{j-1}+1}^{n_1+\cdots+n_{j-1}+n_j} Y_l^2$,故 $Q_j \sim \chi^2(n_j)(j=1,2,\cdots,k)$.

又因为各 Q_j 只依赖于 $Y_{n_1+\cdots+n_{j-1}+1}, Y_{n_1+\cdots+n_{j-1}+2}, \cdots, Y_{n_1+\cdots+n_{j-1}+n_j}$,所以 $Q_1, Q_2, \cdots, Q_k$ 相互独立.

再证必要性. 由 χ^2 分布的可加性, $\sum_{j=1}^{k} Q_j \sim \chi^2\left(\sum_{j=1}^{k} n_j\right)$. 又因为 $\sum_{j=1}^{k} Q_j = \sum_{i=1}^{n} X_i^2 \sim \chi^2(n)$,故

得 $\sum_{j=1}^{k} n_j = n$.

定理 2.2.7　设总体 $X \sim N(\mu, \sigma^2)$, $X_1, X_2, \cdots, X_n$ 为总体 X 的一个样本,则

（1）$\dfrac{nS^2}{\sigma^2} = \dfrac{(n-1)S'^2}{\sigma^2} = \dfrac{1}{\sigma^2}\sum_{i=1}^{n}(X_i - \bar{X})^2 \sim \chi^2(n-1)$;

（2）样本均值 $\bar{X}$ 与样本方差 S^2 独立（或 $\bar{X}$ 与 S'^2 独立）.

证明　（1）作 n 阶正交阵 P ,它的第一行元素都是 $\dfrac{1}{\sqrt{n}}$,即 $p_{1j} = \dfrac{1}{\sqrt{n}}$ $(j=1,2,\cdots,n)$. 令

$$Y_i = \sum_{j=1}^{n} p_{ij}X_j \ (i=1,2,\cdots,n)$$

我们可知 $Y_1, \cdots, Y_n$ 都服从正态分布且相互独立. 其中 $E(Y_1) = \sum_{j=1}^{n} p_{1j}\mu = \sqrt{n}\mu$ （注意本定理中 μ_i 都等于 μ ）.

而由 $\boldsymbol{P}$ 的正交性知，$E(Y_i) = \sum_{j=1}^{n} p_{ij}\mu = \mu\left(\sum_{j=1}^{n} p_{ij}\frac{1}{\sqrt{n}}\right)\sqrt{n} = 0(i = 2,3,\cdots,n)$. 因此有 $Y_1 \sim N(\sqrt{n}\mu,\sigma^2), Y_i \sim N(0,\sigma^2)(i = 2,3,\cdots,n)$.

又 $Y_1 = \sum_{j=1}^{n} p_{1j}X_j = \sqrt{n}\bar{X}$，所以 $Y_1^2 = n(\bar{X})^2$. 再由 $\boldsymbol{P}$ 的正交性有 $\sum_{i=1}^{n} Y_i^2 = \sum_{i=1}^{n} X_i^2$. 因此

$$\frac{(n-1)S^2}{\sigma^2} = \frac{\sum_{i=1}^{n} X_i^2 - n(\bar{X})^2}{\sigma^2} = \frac{\sum_{i=1}^{n} Y_i^2 - Y_1^2}{\sigma^2} = \sum_{i=2}^{n} (Y_i/\sigma)^2$$

因为对 $i = 2,3,\cdots,n$，$Y_i/\sigma \sim N(0,1)$ 且相互独立，故 $\dfrac{(n-1)S^2}{\sigma^2} \sim \chi^2(n-1)$.

（2）由于 $\bar{X}$ 只依赖于 X_1，S^2 只依赖于 $X_2,X_3,\cdots,X_n$，所以 $\bar{X}$ 与 S^2 相互独立. 证毕.

推论 2.2.4 设总体 $X \sim N(\mu,\sigma^2)$，$X_1, X_2, \cdots, X_n$ 为总体 X 的一个样本，则

$$\frac{\bar{X} - \mu}{S'/\sqrt{n}} = \frac{\bar{X} - \mu}{S/\sqrt{n-1}} \sim t(n-1)$$

证明 由推论 2.2.2 及定理 2.2.7 可知

$$\frac{\bar{X} - \mu}{\sigma/\sqrt{n}} \sim N(0,1)，\frac{nS^2}{\sigma^2} = \frac{(n-1)S'^2}{\sigma^2} \sim \chi^2(n-1)$$

且 $\bar{X}$ 与 S^2 或 S'^2 独立，根据 t 分布的定义，得

$$\frac{\dfrac{\bar{X} - \mu}{\sigma/\sqrt{n}}}{\sqrt{\dfrac{(n-1)S'^2}{\sigma^2(n-1)}}} = \frac{\dfrac{\bar{X} - \mu}{\sigma/\sqrt{n}}}{\sqrt{\dfrac{nS^2}{\sigma^2(n-1)}}} \sim t(n-1)$$

即 $$\frac{\bar{X} - \mu}{S'/\sqrt{n}} = \frac{\bar{X} - \mu}{S/\sqrt{n-1}} \sim t(n-1)$$

推论 2.2.5 设 X 与 Y 为两个具有相等方差的正态总体，有 $X \sim N(\mu_1,\sigma^2)$，$X_1, X_2, \cdots, X_{n_1}$ 为 X 的样本，$Y \sim N(\mu_2,\sigma^2)$，$Y_1, Y_2, \cdots, Y_{n_2}$ 为 Y 的样本，且这两个样本独立，则

$$\frac{(\bar{X} - \bar{Y}) - (\mu_1 - \mu_2)}{S_w\sqrt{\dfrac{1}{n_1} + \dfrac{1}{n_2}}} \sim t(n_1 + n_2 - 2)$$

其中 $$S_w = \sqrt{\frac{n_1 S_1^2 + n_2 S_2^2}{n_1 + n_2 - 2}} = \sqrt{\frac{(n_1-1)S_1'^2 + (n_2-1)S_2'^2}{n_1 + n_2 - 2}}$$

$$S_1^2 = \frac{1}{n_1}\sum_{i=1}^{n_1}(X_i - \bar{X})^2$$

$$S_1'^2 = \frac{1}{n_1-1}\sum_{i=1}^{n_1}(X_i - \bar{X})^2$$

$$S_2^2 = \frac{1}{n_2}\sum_{i=1}^{n_2}(Y_i - \bar{Y})^2$$

$$S_2'^2 = \frac{1}{n_2-1}\sum_{i=1}^{n_2}(Y_i - \overline{Y})^2$$

证明　由推论 2.2.3,得

$$\frac{(\overline{X}-\overline{Y})-(\mu_1-\mu_2)}{\sigma\sqrt{\dfrac{1}{n_1}+\dfrac{1}{n_2}}} \sim N(0,1)$$

由定理 2.2.2 及定理 2.2.7,得

$$\frac{n_1 S_1^2 + n_2 S_2^2}{\sigma^2} \sim \chi^2(n_1+n_2-2)$$

由定理 2.2.7 的(1)可知 $\overline{X}$ 与 S_1^2 独立,$\overline{Y}$ 与 S_2^2 独立,因此 $\dfrac{(\overline{X}-\overline{Y})-(\mu_1-\mu_2)}{\sigma\sqrt{\dfrac{1}{n_1}+\dfrac{1}{n_2}}}$ 与

$\dfrac{n_1 S_1^2 + n_2 S_2^2}{\sigma^2}$ 独立,由 t 分布的定义得

$$\frac{(\overline{X}-\overline{Y})-(\mu_1-\mu_2)}{\sigma\sqrt{\dfrac{1}{n_1}+\dfrac{1}{n_2}}} \Bigg/ \sqrt{\frac{n_1 S_1^2 + n_2 S_2^2}{\sigma^2(n_1+n_2-2)}} \sim t(n_1+n_2-2)$$

即

$$\frac{(\overline{X}-\overline{Y})-(\mu_1-\mu_2)}{S_w\sqrt{\dfrac{1}{n_1}+\dfrac{1}{n_2}}} \sim t(n_1+n_2-2)$$

推论 2.2.6　设 X 与 Y 为两个正态总体,有 $X \sim N(\mu_1,\sigma_1^2)$,$X_1, X_2, \cdots, X_{n_1}$ 为 X 的样本,

$Y \sim N(\mu_2,\sigma_2^2)$,$Y_1, Y_2, \cdots, Y_{n_2}$ 为 Y 的样本,且这两个样本独立,则

$$\frac{S_1'^2}{S_2'^2}\cdot\frac{\sigma_2^2}{\sigma_1^2} = \frac{n_1 S_1^2}{n_2 S_2^2}\cdot\frac{(n_2-1)\sigma_2^2}{(n_1-1)\sigma_1^2} \sim F(n_1-1, n_2-1)$$

其中 S_1^2 , $S_1'^2$ 与 S_2^2 , $S_2'^2$ 分别为两个样本的样本方差、修正样本方差.

证明　由定理 2.2.7 可知

$$\frac{(n_1-1)S_1'^2}{\sigma_1^2} \sim \chi^2(n_1-1) , \quad \frac{(n_2-1)S_2'^2}{\sigma_2^2} \sim \chi^2(n_2-1)$$

由两样本的独立可知 $\dfrac{(n_1-1)S_1'^2}{\sigma_1^2}$ 与 $\dfrac{(n_2-1)S_2'^2}{\sigma_2^2}$ 独立.根据 F 分布的定义,得

$$\frac{(n_1-1)S_1'^2}{\sigma_1^2(n_1-1)} \Bigg/ \frac{(n_2-1)S_2'^2}{\sigma_2^2(n_2-1)} \sim F(n_1-1, n_2-1)$$

即

$$\frac{S_1'^2}{S_2'^2}\cdot\frac{\sigma_2^2}{\sigma_1^2} = \frac{n_1 S_1^2}{n_2 S_2^2}\cdot\frac{(n_2-1)\sigma_2^2}{(n_1-1)\sigma_1^2} \sim F(n_1-1, n_2-1)$$

2.2.4 次序统计量及其分布

定义 2.2.9 设 $X_1, X_2, \cdots, X_n$ 是取自总体 X 的样本，$X_{(i)}$ 称为该样本的第 i 个次序统计量，它的取值是将样本观测值由小到大排列后得到的第 i 个观测值. 其中 $X_{(1)} = \min\{X_1, \cdots, X_n\}$ 称为该样本的最小次序统计量，$X_{(n)} = \max\{X_1, \cdots, X_n\}$ 称为该样本的最大次序统计量. $X_{(1)}, \cdots, X_{(n)}$ 称为该样本的次序统计量.

下面这个例子有助于我们理解次序统计量的概念.

例 2.2.1 设总体 X 的分布律为 $P(X = i) = 1/3 \ (i = 0, 1, 2)$. 考虑从这个总体中取得的容量为 3 的样本 (X_1, X_2, X_3). 下面我们列出 (X_1, X_2, X_3) 所有可能取值情况和相应的次序统计量 $X_{(1)}, X_{(2)}, X_{(3)}$ 的取值情况.

序号	X_1	X_2	X_3	$X_{(1)}$	$X_{(2)}$	$X_{(3)}$
1	0	0	0	0	0	0
2	0	0	1	0	0	1
3	0	1	0	0	0	1
4	1	0	0	0	0	1
5	0	0	2	0	0	2
6	0	2	0	0	0	2
7	2	0	0	0	0	2
8	0	1	1	0	1	1
9	1	0	1	0	1	1
10	1	1	0	0	1	1
11	0	1	2	0	1	2
12	0	2	1	0	1	2
13	1	0	2	0	1	2
14	2	0	1	0	1	2
15	1	2	0	0	1	2
16	2	1	0	0	1	2
17	0	2	2	0	2	2
18	2	0	2	0	2	2
19	2	2	0	0	2	2
20	1	1	2	1	1	2
21	1	2	1	1	1	2
22	2	1	1	1	1	2
23	1	2	2	1	2	2
24	2	1	2	1	2	2
25	2	2	1	1	2	2

序号	X_1	X_2	X_3	$X_{(1)}$	$X_{(2)}$	$X_{(3)}$
26	1	1	1	1	1	1
27	2	2	2	2	2	2

从上表中罗列的情况可以看出,样本中每一个 $X_i(i=1,2,3)$ 取 0,1,2 是等可能的,并且 X_1,X_2,X_3 相互独立,而它的次序统计量 $X_{(1)},X_{(2)},X_{(3)}$ 虽然可能的取值都是 0,1,2,但其分布律却各不相同,它们的分布律分别如下.

$X_{(1)}$	0	1	2
P	19/27	7/27	1/27

$X_{(2)}$	0	1	2
P	7/27	13/27	7/27

$X_{(3)}$	0	1	2
P	1/27	7/27	19/27

任意两个次序统计量的联合分布也是不相同的,具体如下.

$X_{(1)}$	$X_{(2)}$		
	0	1	2
0	7/27	9/27	3/27
1	0	4/27	3/27
2	0	0	1/27

$X_{(1)}$	$X_{(3)}$		
	0	1	2
0	1/27	6/27	12/27
1	0	1/27	6/27
2	0	0	1/27

任意两个次序统计量之间不相互独立,例如

$$P(X_{(1)}=0,X_{(2)}=1)=\frac{9}{27}\neq\frac{19}{27}\times\frac{13}{27}=P(X_{(1)}=0)P(X_{(2)}=1)$$

故 $X_{(1)}$ 与 $X_{(2)}$ 不独立.

若总体 X 是连续型随机变量,则其次序统计量的分布可以表示如下.

定理 2.2.8 设总体 X 的分布函数为 F, $X_1, \cdots, X_n$ 为总体 X 的容量为 n 的样本,那么:

(1)第 k 个次序统计量 $X_{(k)}$ 的分布函数为

$$F_{X_{(k)}}(x) = \frac{n!}{(k-1)!(n-k)!} \int_0^{F(x)} t^{k-1}(1-t)^{n-k} \, \mathrm{d}t$$

其中 $k = 1, 2, \cdots, n$;

(2)若 X 为连续型随机变量,有分布密度 p,则 $X_{(k)}$ 的分布密度为

$$p_{X_{(k)}}(x) = \frac{n!}{(k-1)!(n-k)!} [F(x)]^{k-1} [1-F(x)]^{n-k} p(x)$$

其中 $k = 1, 2, \cdots, n$.

证明

$$\begin{aligned}
F_{X_{(k)}}(x) &= P\{X_{(k)} < x\} = P\{v_n(x) \geq k\} = \sum_{m=k}^n P\{v_n(x) = m\} \\
&= \sum_{m=k}^n C_n^m [F(x)]^m [1-F(x)]^{n-m} \\
&= \frac{n!}{(k-1)!(n-k)!} \int_0^{F(x)} t^{k-1}(1-t)^{n-k} \, \mathrm{d}t
\end{aligned}$$

将上式对 x 求导,得

$$p_{X_{(k)}}(x) = \frac{n!}{(k-1)!(n-k)!} [F(x)]^{k-1} [1-F(x)]^{n-k} p(x)$$

其中 $v_n(x)$ 表示随机事件 $\{X < x\}$ 在进行 n 次重复独立试验中出现的次数,即 n 个观测值 $x_1, x_2, \cdots, x_n$ 中小于 x 的个数.

推论 2.2.7 最小、最大次序统计量 $X_{(1)}$, $X_{(n)}$ 的分布函数与分布密度分别为

$$F_{X_{(1)}}(x) = 1 - [1-F(x)]^n$$

$$p_{X_{(1)}}(x) = n[1-F(x)]^{n-1} p(x)$$

$$F_{X_{(n)}}(x) = [F(x)]^n$$

$$p_{X_{(n)}}(x) = n[F(x)]^{n-1} p(x)$$

$X_{(1)}$, $X_{(n)}$ 的分布统称为极值分布. $F_{X_{(1)}}(x), F_{X_{(n)}}(x)$ 可由 $F_{X_{(k)}}(x)$ 推出,也可直接由分布函数及 $X_{(1)}$, $X_{(n)}$ 的定义推出.

定理 2.2.9 在定理 2.2.8 的前提下,次序统计量 $(X_i, X_j)(i < j)$ 的联合分布密度函数为

$$p_{ij}(y,z) = \frac{n!}{(i-1)!(j-i-1)!(n-j)!} [F(y)]^{i-1} [F(z)-F(y)]^{j-i-1} [1-F(z)]^{n-j} p(y)p(z), y \leq z$$

证明 对增量 Δy, Δz 以及 $y < z$,事件 $\{X_{(i)} \in (y, y+\Delta y], X_{(j)} \in (z, z+\Delta z]\}$ 可以表述为"容量为 n 的样本 $X_1, \cdots, X_n$ 中有 $i-1$ 个观测值小于或等于 y,一个值落入区间 $(y, y+\Delta y]$,$j-i-1$ 个值落入区间 $(y+\Delta y, z]$,一个值落入区间 $(z, z+\Delta z]$,而余下 $n-j$ 个值大于 $z+\Delta z$".

由多项分布可得

$$P\left\{X_{(i)} \in (y, y+\Delta y], X_{(j)} \in (z, z+\Delta z]\right\}$$

$$\approx \frac{n!}{(i-1)!1!(j-i-1)!1!(n-j)!}[F(y)]^{i-1}p(y)\Delta y \cdot$$

$$[F(z)-F(y+\Delta y)]^{j-i-1}p(z)\Delta z[1-F(z+\Delta z)]^{n-j}$$

考虑到 $F(x)$ 的连续性,当 $\Delta y \to 0, \Delta z \to 0$ 时,有 $F(y+\Delta y) \to F(y)$, $F(z+\Delta z) \to F(z)$,于是

$$p_{ij}(y,z) = \lim_{\Delta y \to 0, \Delta z \to 0} \frac{P\left\{X_{(i)} \in (y, y+\Delta y], X_{(j)} \in (z, z+\Delta z]\right\}}{\Delta y \Delta z}$$

$$= \frac{n!}{(i-1)!1!(j-i-1)!1!(n-j)!}[F(y)]^{i-1}[F(z)-F(y)]^{j-i-1} \cdot [1-F(z)]^{n-j}p(y)p(z)$$

推论 2.2.8 设总体 X 的分布函数为 F,而 $X_1, \cdots, X_n$ 为总体 X 的容量为 n 的样本,则 $X_{(1)}$, $X_{(n)}$ 的联合分布函数为

$$F_{X_{(1)}, X_{(n)}}(x,y) = \begin{cases} [F(y)]^n - [F(y)-F(x)]^n, & x < y \\ [F(y)]^n, & x \geq y \end{cases}$$

又若 X 为连续型随机变量,分布密度为 p,且 $F_{X_{(1)}, X_{(n)}}$ 的二阶偏导数在点 (x,y) 的某邻域内连续,则 $X_{(1)}$, $X_{(n)}$ 的联合分布密度为

$$p_{X_{(1)}, X_{(n)}}(x,y) = \begin{cases} n(n-1)[F(y)-F(x)]^{n-2}p(x)p(y), & x < y \\ 0, & x \geq y \end{cases}$$

证明 由于

$$\left\{X_{(n)} < y\right\} = \left\{\left\{X_{(1)} < x\right\} + \left\{X_{(1)} \geq x\right\}, X_{(n)} < y\right\}$$

$$= \left\{X_{(1)} < x, X_{(n)} < y\right\} + \left\{X_{(1)} \geq x, X_{(n)} < y\right\}$$

因此

$$F_{X_{(1)}, X_{(n)}}(x,y) = P\left\{X_{(1)} < x, X_{(n)} < y\right\}$$

$$= P\left\{X_{(n)} < y\right\} - P\left\{X_{(1)} \geq x, X_{(n)} < y\right\}$$

$$= \begin{cases} P\left\{X_{(n)} < y\right\} - P\left\{x \leq X_1 < y, \cdots, x \leq X_n < y\right\}, & x < y \\ P\left\{X_{(n)} < y\right\} - P\left\{\varnothing\right\}, & x \geq y \end{cases}$$

$$= \begin{cases} [F(y)]^n - [F(y)-F(x)]^n, & x < y \\ [F(y)]^n, & x \geq y \end{cases}$$

当 X 为连续型随机变量,且满足定理的条件时,有

$$p_{X_{(1)}, X_{(n)}}(x,y) = \frac{\partial^2 F_{X_{(1)}, X_{(n)}}(x,y)}{\partial x \partial y}$$

$$= \begin{cases} n(n-1)[F(y)-F(x)]^{n-2}p(x)p(y), & x < y \\ 0, & x \geq y \end{cases}$$

2.2.5 充分统计量

统计量本身是样本的函数,具有数据压缩的属性,充分性则强调用包含而不损失信息的统计量来压缩数据.具体来说,就是当充分统计量 T 已知时,$(X_1,\cdots,X_n)$ 不含 θ 的任何信息.

定义 2.2.10 设 $X_1,\cdots,X_n$ 是来自某个总体的样本,总体分布函数为 $F(x;\theta)$,统计量 $T=T(X_1,\cdots,X_n)$ 称为 θ 的**充分统计量**,如果在给定 T 的取值后,$X_1,\cdots,X_n$ 的条件分布与 θ 无关.

例 2.2.2 设 $X_1,\cdots,X_n$ 是来自两点分布 $b(1,\theta)$ 的一个样本,我们研究如下两个统计量:

$$T_1=X_1+\cdots+X_n, \quad T_2=X_1X_2\cdots X_n$$

显然,T_1 的分布为二项分布 $b(n,\theta)$,当 T_1 取 $0,\cdots,n$ 中任一个整数 t 时,样本 X 的条件分布为

$$P_\theta(X=x|T_1=t)=\frac{P_\theta(X=x,T_1=t)}{P_\theta(T_1=t)}$$

$$=\frac{\theta^i(1-\theta)^{n-i}}{\binom{n}{t}\theta^i(1-\theta)^{n-i}}=\binom{n}{t}^{-1}$$

计算结果表明条件分布 $P_\theta(X=x|T_1=t)$ 对任意样本点 x 都不依赖于 θ,即此条件分布中已不包含 θ 的信息,样本中有关 θ 的信息全部包含在统计量 T_1 中.

另外,统计量 T_2 仅可能取两个值 $0,1$,且

$$P_\theta(T_2=1)=\theta^n, \quad P_\theta(T_2=0)=1-\theta^n$$

于是,在 $T_2=0$ 下,样本 X 的条件分布为

$$P_\theta(X_1=x_1,\cdots,X_n=x_n|T_2=0)$$
$$=P(X_1=x_1,\cdots,X_n=x_n,T_2=0)/P_\theta(T_2=0)$$

这个条件概率不能具体得出,它随着 $(x_1,\cdots,x_n)$ 取值而变,当 $(x_1,\cdots,x_n)=(1,1,0,\cdots,0)$ 时,上述条件概率为 $\theta^2(1-\theta)^{n-2}/(1-\theta)^n$.这表明在 $T_2=0$ 时,样本的条件分布依赖于 θ,若从这个条件分布中抽取样本,可以获得有关 θ 的信息.换句话说,T_2 中没有包含样本中有关 θ 的全部信息,损失部分信息,包含部分信息.

进一步,我们可以利用 $T_1=t$,设计一个不依赖于 θ 的随机试验,使其产生与样本 X 有同样分布的新样本 $X'=(X_1',\cdots,X_n')$.这是因为条件分布 $P(X_1=x_1,\cdots,X_n=x_n|T_1=t)=\binom{n}{t}^{-1}$ 已经不依赖 θ,且组合数 $\binom{n}{t}=n!/[t!(n-t)!]$ 看作 t 个 1 和 $(n-t)$ 个 0 的重复排列数.因此可以设计这样一个随机试验:把 t 个 1 和 $(n-t)$ 个 0 随机排列,任一个这样的排列出现都是等可能的.若记 x_i' 为第 i 个位置上的数,则 x_i' 非 0 即 1,这样得到的 $(x_1',\cdots,x_n')$ 是新样本 $X'=(X_1',\cdots,X_n')$ 的观察值.这样得到的新样本 X' 虽然不能与老样本 X 完全相同,但它们在条件

$T_1 = t$ 下的条件概率是相同的, 都等于 $\binom{n}{t}^{-1}$. 故

$$P_\theta(X_1 = x_1, \cdots, X_n = x_n)$$

$$= \sum_{t=0}^{n} P(X_1 = x_1, \cdots, X_n = x_n | T = t) P_\theta(T = t)$$

$$= \sum_{t=0}^{n} P(X_1' = x_1', \cdots, X_n' = x_n' | T = t) P_\theta(T = t)$$

$$= P_\theta(X_1' = x_1', \cdots, X_n' = x_n')$$

由此可以推出新老样本是同分布的, 从而新老样本所含 θ 的信息是相同的, 由于我们设计的随机试验中不含有任何 θ 的信息, 所以老样本 X 中所含 θ 的信息全都在统计量 T_1 中, 因为条件分布 $P(X = x | T_1 = t)$ 不依赖于 θ, 而统计量 T_2 就不可能做到这一点, 因为它的条件分布 $P_\theta(X = x | T_2 = t)$ 是依赖 θ 的, 所以综上可以得到 T_1 是充分统计量, T_2 不是充分统计量.

对充分统计量有如下判定定理.

定理 2.2.10　设总体概率函数为 $f(x; \theta)$, $X_1, \cdots, X_n$ 为样本, 则 $T = T(X_1, \cdots, X_n)$ 为充分统计量的充分必要条件是存在两个函数 $g(t, \theta)$ 和 $h(x_1, \cdots, x_n)$ 使得对任意的 θ 和任一组观测值 $x_1, \cdots, x_n$, 有

$$f(x_1, \cdots, x_n; \theta) = g(T(x_1, \cdots, x_n), \theta) h(x_1, \cdots, x_n)$$

其中 $g(t, \theta)$ 是通过统计量 T 的取值而依赖于样本的.

证明　下面我们只给出离散场合下的证明, 有

$$p_\theta(x) = P_\theta(X = x) = P_\theta(X_1 = x_1, \cdots, X_n = x_n)$$

对任意 t, 其原像集合记为 $A(t) = \{x : T(x) = t\}$.

必要性: 设 $T(x)$ 是参数 θ 的充分统计量, 则在给定 $T = t$ 条件下, 条件概率 $P_\theta(X = x | T = t)$ 与参数 θ 无关, 它只能是 x 的函数, 这里记为 $h(x)$. 另外, 无条件概率 $P_\theta(T = t)$ 可记为 $g_\theta(t)$, 于是对给定的 t 及 $x \in A(t)$, 有

$$p_\theta(x) = P_\theta(X = x)$$

$$= P_\theta(X = x, T = t)$$

$$= P_\theta(X = x | T = t) P_\theta(T = t)$$

$$= h(x) g_\theta(t)$$

这就是上述因子定理中的因子分解形式.

充分性: 设 $p_\theta(x)$ 有上述因子分解形式, 要证明条件概率 $P_\theta(X = x | T = t)$ 与 θ 无关, 这里只需要对满足 $P_\theta(T = t) > 0$ 的 t 证明即可, 分两种情况讨论.

（1）对任意 $x \in A(t)$ 可有

$$P_\theta(X = x | T = t) = \frac{P_\theta(X = x, T = t)}{P_\theta(T = t)}$$

$$= \frac{P_\theta(X = x)}{P_\theta(T = t)} = \frac{p_\theta(x)}{\sum_{y \in A(t)} p_\theta(y)}$$

因为对 $y \in A(t)$,有 $T(y) = t$,因此将因子分解形式代入上式,得到

$$P_\theta(X = x | T = t) = \frac{g_\theta(t)h(x)}{\sum_{y \in A(t)} g_\theta(t)h(y)} = \frac{h(x)}{\sum_{y \in A(t)} h(y)}$$

最后的结果与参数 θ 无关.

（2）当 $x \notin A(t)$ 时, $T(x) \neq t$,于是事件"$X = x$"与事件"$T(x) = t$"不可能同时出现,所以当 $x \notin A(t)$ 时, $P_\theta(X = x, T = t) = 0$,从而 $P_\theta(X = x | T = t) = 0$,这也与参数 θ 无关.

综上所述, $T(x)$ 是充分统计量,证毕.

下面我们将通过一个具体的例子来了解如何使用因子分解定理来获得充分统计量.

例 2.2.3　设 $X = (X_1, \cdots, X_n)$ 是来自泊松分布 $P(\lambda)$ 的一个样本,其样本的联合密度函数为

$$P(X_1 = x_1, \cdots, X_n = x_n) = \lambda^{\sum_{i=1}^{n} x_i} \mathrm{e}^{-n\lambda} \Big/ \prod_{i=1}^{n} (x_i!)$$

取 $T(x) = \sum_{i=1}^{n} x_i, h(x) = \left(\prod_{i=1}^{n} (x_i!) \right)^{-1}$,则上式可改写为

$$P(X = x) = [\lambda^{T(x)} \mathrm{e}^{-n\lambda}] h(x)$$

由因子分解定理可知, $T(x) = \sum_{i=1}^{n} x_i$ 是 λ 的充分统计量.

定理 2.2.11　若统计量 T 是充分统计量,统计量 S 与统计量 T 一一对应,则统计量 S 也是充分统计量.

证明　由于 T 是充分统计量,由定理 2.2.10 可知,有如下分解:

$$p(x_1, \cdots, x_n; \theta) = g(T(x_1, \cdots, x_n), \theta)h(x_1, \cdots, x_n)$$

由于 S 与 T 一一对应,故 $g(t, \theta)$ 一定可以表示成 $g^*(s, \theta)$,于是上式变为

$$p(x_1, \cdots, x_n; \theta) = g^*(S(x_1, \cdots, x_n), \theta)h(x_1, \cdots, x_n)$$

这说明统计量 S 也是充分统计量.

2.2.6　完备统计量

统计量的充分性与完备性在寻找参数的优良估计中将起到重要作用.

定义 2.2.11　设总体的分布函数族为 $F(x, \theta)(\theta \in \Theta)$,若对于任意一个满足

$$E_\theta[g(X)] = 0 (对于一切 \theta \in \Theta)$$

的随机变量 $g(X)$,总有

$$P_\theta\{g(X) = 0\} = 1 (对于一切 \theta \in \Theta)$$

则称 $\{F(x, \theta)(\theta \in \Theta)\}$ 是**完备的分布函数族**.

例 2.2.4　二项分布族是完备的.

二项分布族 $\mathscr{P} = \{P_p(x) : 0 < p < 1\}$,其中 $P_p(x) = \binom{n}{x} p^x (1-p)^{n-x}$ $(x = 0, 1, 2, \cdots, n)$,设 $g(x)$

满足

$$P_p[g(x)] = \sum_{x=0}^{n} g(x)\binom{n}{x} p^x (1-p)^{n-x} = 0$$

由于 $(1-p)^{n-x} = \sum_{k=0}^{n-x}(1-p)^k\binom{n-x}{k}$，故有

$$\sum_{x=0}^{n}\sum_{k=0}^{n-x}\binom{n}{x}\binom{n-x}{k}(-1)^k g(x)p^{x+k} = 0$$

上式左边关于 p 的多项式对任意的 $p \in (0,1)$ 均为零，由此推得其系数几乎处处为零，即 $g(x) = 0$，故二项分布族是完备的.

定义 2.2.12　设 $x_1, x_2\cdots, x_n$ 是来自总体 X 具有分布函数 $F(x,\theta)$ 的一个样本，$T = T(x_1, x_2\cdots, x_n)$ 的分布函数族 $\{F(x,\theta)(\theta\in\Theta)\}$ 是完备的分布函数族，则称 $T = T(x_1, x_2\cdots, x_n)$ 为**完备统计量**.

说明　完备性的含义不是很显然，但它具有下列性质：

一方面，

$$P_0\{g_1(T) = g_2(T)\} = 1(\theta\in\Theta)$$
$$\Rightarrow E_\theta[g_1(T)] = E_\theta[g_2(T)](\theta\in\Theta)$$

另一方面，

$$E_\theta[g_1(T) - g_2(T)] = 0(\theta\in\Theta)$$
$$\Rightarrow P_0\{g_1(T) = g_2(T)\} = 1(\theta\in\Theta)$$

如果一个统计量既是充分的，又是完备的，则称为**充分完备统计量**.

习题 2

1. 设总体 $X \sim N(\mu,\sigma^2)$，其中 μ 是已知参数，σ^2 是未知参数，从该总体中抽取容量为 4 的样本 $X_1,\cdots,X_4$，则 $Y = \dfrac{X_3 - X_4}{\sqrt{\sum_{i=1}^{2}(X_i-\mu)^2}}$ 服从什么分布？

2. 设总体 $X \sim N(\mu,\sigma^2)$，$X_1,\cdots,X_n$ 为总体的样本，$\bar{X} = \dfrac{1}{n}\sum_{i=1}^{n}X_i$，$S^2 = \dfrac{1}{n-1}\sum_{i=1}^{n}(X_i - \bar{X})^2$ 分别表示样本均值和样本方差，而 X_{n+1} 是第 $n+1$ 个个体指标，试证明统计量 $t = \dfrac{X_{n+1} - \bar{X}}{S}\sqrt{\dfrac{n}{n+1}}$ 服从 t 分布.

3. 设 $X_1,\cdots,X_n$ 是来自 $N(\mu_1,\sigma^2)$ 的样本，$Y_1,\cdots,Y_m$ 是来自 $N(\mu_2,\sigma^2)$ 的样本，c,d 是任意两个不为 0 的常数，证明：

$$\frac{c(\bar{X}-\mu_1) + d(\bar{Y}-\mu_2)}{S_w\sqrt{\dfrac{c^2}{n}+\dfrac{d^2}{m}}} \sim t(n+m-2)$$

其中 $S_w^2 = \dfrac{(n-1)S_x^2 + (m-1)S_y^2}{n+m-2}$.

4. 设总体 X 的分布函数 $F(x)$ 是连续的, $X_{(1)}, \cdots, X_{(n)}$ 是取自该总体的次序统计量, 设 $\eta_i = F(X_{(i)})$, 试证明:

（1） $\eta_1 \le \eta_2 \le \cdots \le \eta_n$, 且 η_i 是来自均匀分布 $U(0,1)$ 总体的次序统计量;

（2） $E(\eta_i) = \dfrac{i}{n+1}$, $Var(\eta_i) = \dfrac{i(n+1-i)}{(n+1)^2(n+2)}$, $1 \le i \le n$.

5. 设 $X_1, \cdots, X_n$ 是来自几何分布 $P(X = x) = \theta(1-\theta)^x (x = 0,1,\cdots)$ 的样本, 证明: 统计量 $T = \sum\limits_{i=1}^{n} X_i$ 是充分统计量.

6. 设 $X_1, \cdots, X_n$ 是来自帕累托(Pareto)分布

$$X \sim f(x) = \frac{\theta \alpha^\theta}{x^{\theta+1}}, \alpha > 0, x > \alpha, \theta > 0$$

的样本, 求 α 已知时 θ 的充分统计量.

7. 证明正态分布族 $\{N(\mu,1), \mu \in \mathbf{R}\}$ 是完备的.

思考题

讨论数理统计是如何分析随机现象的, 有哪些方面的应用.

第3章 参数估计

统计推断就是由样本推断总体,这是统计学的核心内容.统计推断可以归结为两个基本问题:参数估计和假设检验.本章介绍参数估计的基本原理和方法,下一章介绍假设检验的基本原理和方法.

参数估计按照结果的表达方式可分为点估计和区间估计.本章将首先介绍点估计及其评价标准,然后介绍区间估计.此外,在本章最后,还将介绍贝叶斯学派的参数估计方法.

3.1 点估计

定义 3.1.1 设 $X_1, \cdots, X_n$ 是来自总体的一个样本,用于估计未知参数 θ 的统计量 $\hat{\theta} = \hat{\theta}(X_1, \cdots, X_n)$ 称为 θ 的估计量,或称为 θ 的**点估计**,简称**估计**.

3.1.1 矩估计

矩估计的思想原理是替换原理,即用样本矩替换总体矩,这里的矩可以是原点矩,也可以是中心矩;或者用样本矩的函数去替换总体矩的函数.这个统计思想十分简单明确,能被大多数人所接受,使用场合也较广,其实质是用经验分布函数替换总体分布,理论基础是格里汶科定理.

定义 3.1.2 设总体具有已知的概率函数 $p(x; \theta_1, \cdots, \theta_k)$,$(\theta_1, \cdots, \theta_k) \in \Theta$ 是未知参数或参数向量,$X_1, \cdots, X_n$ 是样本,假定总体的 k 阶原点矩 μ_k 存在,则对所有的 j($0 < j < k$),μ_j 都存在,若假设 $\theta_1, \cdots, \theta_k$ 能够表示成 $\mu_1, \cdots, \mu_k$ 的函数 $\theta_j = \theta_j(\mu_1, \cdots, \mu_k)$,则可给出 θ_j 的**矩估计**:

$$\hat{\theta}_j = \theta_j(a_1, \cdots, a_k) \quad (j = 1, 2, \cdots, k)$$

其中 $a_1, \cdots, a_k$ 为前 k 阶样本原点矩,$a_j = \dfrac{1}{n} \sum_{i=1}^{n} X_i^j$.

进一步,如果我们要估计 $\theta_1, \cdots, \theta_k$ 的函数 $\eta = g(\theta_1, \cdots, \theta_k)$,则可直接得到 η 的矩估计

$$\hat{\eta} = g(\hat{\theta}_1, \cdots, \hat{\theta}_k)$$

当 $k=1$ 时,我们通常可以由样本均值出发对未知参数进行估计;当 $k=2$ 时,我们可以由一阶、二阶原点矩出发估计未知参数.

例 3.1.1 设 $X_1, \cdots, X_n$ 为总体 X 的样本,分别求下列分布参数的矩估计:(1)X 服从正态分布 $X \sim N(\mu, \sigma^2)$;(2)X 服从二项分布 $B(N, p)$(N 为已知);(3)X 服从泊松分布 $P(\lambda)$.

解 (1)因为 $\mu = E(X)$,$\sigma^2 = Var(X)$,又

$$\mu_1 = E(X) = \mu, \quad \mu_2 = E(X^2) = Var(X) + [E(X)]^2 = \sigma^2 + \mu^2$$

所以 $\mu = \mu_1$,$\sigma^2 = \mu_2 - \mu^2$,矩估计是用样本矩替代总体矩,因此可得

$$\hat{\mu} = A_1 = \frac{1}{n}\sum_{i=1}^{n} X_i = \bar{X}$$

$$\hat{\sigma}^2 = A_2 - \hat{\mu}^2 = \frac{1}{n}\sum_{i=1}^{n} X_i^2 - \bar{X}^2 = \frac{1}{n}\sum_{i=1}^{n}(X_i - \bar{X})^2$$

$$\hat{\sigma} = \sqrt{\frac{1}{n}\sum_{i=1}^{n}(X_i - \bar{X})^2}$$

（2）可知 $\mu_1 = E(X) = Np$，所以有 $p = \dfrac{\mu_1}{N}$，用样本矩代替总体矩后，得到参数 p 的矩估计为

$$\hat{p} = \frac{A_1}{N} = \frac{\bar{X}}{N}$$

（3）根据泊松分布的期望，有 $\mu_1 = E(X) = \lambda$，因此有

$$\hat{\lambda} = A_1 = \frac{1}{n}\sum_{i=1}^{n} X_i = \bar{X}$$

又泊松分布的方差也为 λ，因此与（1）中的方差的矩估计类似，可知

$$\hat{\lambda} = \frac{1}{n}\sum_{i=1}^{n}(X_i - \bar{X})^2$$

因此，一个参数的矩估计量可能不是唯一的，这种情况我们一般使用低阶样本矩获得的点估计量.

3.1.2 极大似然估计与 EM 算法

1. 极大似然估计

定义 3.1.3 设总体的概率函数为 $p(x;\theta)$，$\theta \in \Theta$，其中 θ 是一个未知参数或几个未知参数组成的参数向量，Θ 是参数空间，$X_1,\cdots,X_n$ 是来自该总体的样本，将样本的联合概率函数看成 θ 的函数，用 $L(\theta;X_1,\cdots,X_n)$ 表示，简记为 $L(\theta)$，有

$$L(\theta) = L(\theta;X_1,\cdots,X_n) = p(X_1;\theta)p(X_2;\theta)\cdots p(X_n;\theta)$$

则称 $L(\theta)$ 为样本的**似然函数**. 如果某统计量 $\hat{\theta} = \hat{\theta}(X_1,\cdots,X_n)$ 满足

$$L(\hat{\theta}) = \max_{\theta\in\Theta} L(\theta)$$

则称 $\hat{\theta}$ 是 θ 的**极大似然估计**，简记为 MLE.

例 3.1.2 设总体 X 服从泊松分布，其分布律为

$$P(X = x) = \frac{\lambda^x}{x!}\mathrm{e}^{-\lambda}\quad(x = 0,1,2,\cdots)$$

$x_1,\cdots,x_n$ 为总体的一组样本观测值，求参数 λ 的极大似然估计.

解 似然函数为

$$L = L(x_1,\cdots,x_n;\lambda) = \prod_{i=1}^{n}\frac{\lambda^{x_i}}{x_i!}\mathrm{e}^{-\lambda} = \mathrm{e}^{-n\lambda}\prod_{i=1}^{n}\frac{\lambda^{x_i}}{x_i!}$$

取对数为

$$\ln L = -n\lambda + \sum_{i=1}^{n} x_i \ln \lambda - \sum_{i=1}^{n} \ln(x_i!)$$

将上式对 λ 求导并令其为 0，即为

$$\frac{\partial \ln L}{\partial \lambda} = -n + \sum_{i=1}^{n} \frac{x_i}{\lambda} = 0$$

解得

$$\lambda = \frac{1}{n} \sum_{i=1}^{n} x_i$$

所以 λ 的极大似然估计值为 $\hat{\lambda} = \frac{1}{n} \sum_{i=1}^{n} x_i$，对应的极大似然估计量为 $\hat{\lambda} = \frac{1}{n} \sum_{i=1}^{n} X_i = \overline{X}$.

例 3.1.2 是离散总体参数的极大似然估计，下面考虑连续总体参数的极大似然估计.

例 3.1.3　设 $x_1, \cdots, x_n$ 为来自总体 $N(\mu, \sigma^2)$ 的一组样本观察值，求参数 μ, σ^2 的极大似然估计.

解　总体的密度函数为

$$f(x; \mu, \sigma^2) = \frac{1}{\sqrt{2\pi}\sigma} e^{-\frac{(x-\mu)^2}{2\sigma^2}} \quad (-\infty < x < +\infty)$$

似然函数为

$$L = L(\mu, \sigma^2) = \prod_{i=1}^{n} \frac{1}{\sqrt{2\pi}\sigma} e^{-\frac{(x_i-\mu)^2}{2\sigma^2}} = \frac{1}{(\sqrt{2\pi}\sigma)^n} e^{-\frac{1}{2\sigma^2} \sum_{i=1}^{n} (x_i-\mu)^2}$$

取对数为

$$\ln L = -\frac{n}{2} \ln(2\pi\sigma^2) - \frac{1}{2\sigma^2} \sum_{i=1}^{n} (x_i - \mu)^2$$

分别对 μ, σ^2 求导并令其为 0，得到方程组

$$\begin{cases} \dfrac{1}{\sigma^2} \sum_{i=1}^{n} (x_i - \mu) = 0 \\[2mm] -\dfrac{n}{2\sigma^2} + \dfrac{1}{2\sigma^4} \sum_{i=1}^{n} (x_i - \mu)^2 = 0 \end{cases}$$

解这个方程组，得到 μ, σ^2 的极大似然估计值分别为

$$\hat{\mu} = \frac{1}{n} \sum_{i=1}^{n} x_i = \overline{x}$$

$$\hat{\sigma}^2 = \frac{1}{n} \sum_{i=1}^{n} (x_i - \overline{x})^2$$

对应的极大似然估计量为

$$\hat{\mu} = \frac{1}{n} \sum_{i=1}^{n} X_i = \overline{X}$$

$$\hat{\sigma}^2 = \frac{1}{n} \sum_{i=1}^{n} (X_i - \overline{X})^2$$

上述例子中所求参数的极大似然估计与矩估计一致,但一般情况下参数的矩估计量与极大似然估计量是不相等的,如下例.

例 3.1.4 设总体 X 服从区间 $[0,\theta]$ 上的均匀分布,$x_1,\cdots,x_n$ 是来自总体 X 的样本值,求参数 θ 的极大似然估计.

解 X 的密度函数为

$$f(x;\theta)=\begin{cases} \dfrac{1}{\theta}, & 0\le x\le\theta \\ 0, & \text{其他} \end{cases}$$

似然函数为

$$L(\theta)=\prod_{i=1}^{n}f(x_i;\theta)=\begin{cases} \dfrac{1}{\theta^n}, & 0\le x_1,\cdots,x_n\le\theta \\ 0, & \text{其他} \end{cases}$$

$$=\begin{cases} \dfrac{1}{\theta^n}, & \theta\ge x_{(n)} \\ 0, & 0<\theta<x_{(n)} \end{cases}$$

对似然函数取对数,得到

$$\ln L=-n\ln\theta$$

对参数 θ 求导,得到

$$\frac{\partial\ln L}{\partial\theta}=\frac{-n}{\theta}<0$$

因此,当 θ 取最小值的时候,对数似然函数的值会达到最大,根据似然函数中 θ 的取值范围,可知参数 θ 的极大似然估计的为 $\hat\theta=x_{(n)}=\max\{x_1,\cdots,x_n\}$. 对应的极大似然估计量为 $\hat\theta=X_{(n)}=\max\{X_1,\cdots,X_n\}$.

极大似然估计充分利用了总体分布所提供的信息,因而有很多优良性质. 此外,不难证明,当 $\hat\theta$ 是参数 θ 的极大似然估计时,并且函数 $u=u(\theta)$ 有单值反函数 $\theta=\theta(u)$ 时,$\hat u=u(\hat\theta)$ 是 $u(\theta)$ 的极大似然估计. 这里 $\theta\in\Theta,u\in U$,U 为 $u(\theta)$ 的值域.

事实上,还可证明,如果 $\hat\theta$ 是参数 θ 的极大似然估计,$u=u(\theta)$ 是 θ 的连续函数,则 $u(\hat\theta)$ 是 $u(\theta)$ 的极大似然估计. 这里的 θ 可以是多维参数向量. 极大似然估计的这个性质给我们计算参数函数的极大似然估计带来了极大的方便.

2. EM 算法

极大似然估计 MLE 是一种非常有效的参数估计方法,但当分布中有多余参数或数据为截尾或缺失时,其 MLE 的求取是比较困难的,因此 Dempster 等人提出了 EM 算法,其出发点是把求 MLE 的过程分为两步:第一步求数学期望,以便把多余的部分去掉;第二步求极大值.

E 步:在已有观测数据 y 及第 i 步估计值 $\theta=\theta^{(i)}$ 的条件下,求基于完全数据的对数似然函数的期望(即把其中与 z 有关的部分积分掉)为

$$Q(\theta\,|\,y,\theta^{(i)})=E_z l(\theta;y,z)$$

M 步：求 $Q(\theta\,|\,y,\theta^{(i)})$ 关于 θ 的最大值 $\theta^{(i+1)}$，即找 $\theta^{(i+1)}$ 使得

$$Q(\theta^{(i+1)}\,|\,y,\theta^{(i)}) = \max_{\theta} Q(\theta\,|\,y,\theta^{(i)})$$

这样就完成了由 $\theta^{(i)}$ 到 $\theta^{(i+1)}$ 的一次迭代. 如此重复，直至收敛即可得到 θ 的 MLE.

3.2　估计好坏的评价标准

对于同一参数，用不同方法来估计，结果是不一样的. 如均匀分布 $U[\theta_1,\theta_2]$，其参数 θ_1,θ_2 的矩估计与极大似然估计是不一样的，甚至用同一方法也可能得到不同的统计量. 如总体 X 服从参数为 λ 的泊松分布，即

$$P(X=k) = \mathrm{e}^{-\lambda}\frac{\lambda^k}{k!} \quad (k=0,1,2,\cdots)$$

则易知 $E(X)=\lambda$，$D(X)=\lambda$，分别用样本均值和样本方差取代 $E(X)$ 和 $D(X)$，于是得到 λ 的两个矩估计量 $\hat{\lambda}_1 = \bar{X}$，$\hat{\lambda}_2 = S^2$.

既然估计的结果往往不是唯一的，那么究竟孰优孰劣? 这里首先就有一个标准的问题.

3.2.1　无偏性

定义 3.2.1　设总体 X 的概率函数为 $p(\bullet;\ \theta)$，θ 是未知参数，Θ 是参数空间，$X_1,\cdots,X_n$ 为 X 的样本，$\hat{\theta} = T(X_1,\cdots,X_n)$ 为 θ 的一个估计量. 若有

$$E(\hat{\theta}) = \theta$$

则称 $\hat{\theta} = T(X_1,\cdots,X_n)$ 是 θ 的一个无偏估计量；否则称有偏估计量. 设 $g(\theta)$ 是待估函数，$\hat{g}(X_1,\cdots,X_n)$ 为 $g(\theta)$ 的一个无偏估计量.

定义 3.2.2　设参数 θ 的一个估计量 $\hat{\theta}_n = T_n(X_1,\cdots,X_n)$，满足关系式

$$\lim_{n\to+\infty} E(\hat{\theta}_n) = \theta$$

则称 $\hat{\theta}_n$ 为 θ 的渐近无偏估计量.

在样本容量 n 充分大时，可把渐近无偏估计量作为无偏估计量来使用.

例 3.2.1　设 $X_1,\cdots,X_n$ 是来自具有数学期望的任意总体 X 的一个样本，记 $E(X)=a$，证明：$\bar{X} = \dfrac{1}{n}\sum_{i=1}^{n} X_i$ 是 a 的无偏估计量.

证明　要证 $\bar{X}$ 是 a 的无偏估计量，即证 $E(\bar{X}) = a$.

$$E(\bar{X}) = E\left(\frac{1}{n}\sum_{i=1}^{n} X_i\right) = \frac{1}{n}\sum_{i=1}^{n} E(X_i) = \frac{1}{n}\sum_{i=1}^{n} a = a$$

由此可证得 $\bar{X} = \dfrac{1}{n}\sum_{i=1}^{n} X_i$ 是 a 的无偏估计量.

例 3.2.2　设总体 X 的方差 $Var(X)=\sigma^2$ 存在，考察 σ^2 的矩估计量

$$S_n{}^2 = \frac{1}{n}\sum_{i=1}^{n}(X_i - \bar{X})^2$$

的无偏性.

解　设 $E(X)=a$,则 $E(X_i)=a(i=1,2,\cdots,n)$,以及 $E(\bar{X})=a$,且

$$
\begin{aligned}
S_n{}^2 &= \frac{1}{n}\sum_{i=1}^{n}(X_i-\bar{X})^2 = \frac{1}{n}\sum_{i=1}^{n}[(X_i-a)-(\bar{X}-a)]^2 \\
&= \frac{1}{n}\sum_{i=1}^{n}[(X_i-a)^2-2(X_i-a)(\bar{X}-a)+(\bar{X}-a)^2] \\
&= \frac{1}{n}\sum_{i=1}^{n}(X_i-a)^2-2(\bar{X}-a)\frac{1}{n}\sum_{i=1}^{n}(X_i-a)+(\bar{X}-a)^2 \\
&= \frac{1}{n}\sum_{i=1}^{n}(X_i-a)^2-2(\bar{X}-a)^2+(\bar{X}-a)^2 \\
&= \frac{1}{n}\sum_{i=1}^{n}(X_i-a)^2-(\bar{X}-a)^2
\end{aligned}
$$

所以

$$
\begin{aligned}
E(S_n{}^2) &= E\left[\frac{1}{n}\sum_{i=1}^{n}(X_i-a)^2-(\bar{X}-a)^2\right] \\
&= \frac{1}{n}\sum_{i=1}^{n}E(X_i-a)^2-E(\bar{X}-a)^2 \\
&= \frac{1}{n}\sum_{i=1}^{n}Var(X_i)-Var(\bar{X}) \\
&= \frac{1}{n}\sum_{i=1}^{n}\sigma^2-\frac{1}{n}\sigma^2 = \frac{n-1}{n}\sigma^2
\end{aligned}
$$

由此可见, $S_n{}^2$ 是 σ^2 的有偏估计量. 又因偏差 $b=-\dfrac{1}{n}\sigma^2$,当 n 趋于无穷大时,偏差 b 趋于 0 ,因此我们说 $S_n{}^2$ 是 σ^2 的渐近无偏估计量.

我们可以用如下的方法将 $S_n{}^2$ 变为 σ^2 的无偏估计量,取 σ^2 的估计量

$$
S^2 = \frac{n}{n-1}S_n{}^2 = \frac{1}{n-1}\sum_{i=1}^{n}(X_i-\bar{X})^2
$$

则

$$
E(S^2) = E\left(\frac{n}{n-1}S_n{}^2\right) = \frac{n}{n-1}E(S_n{}^2) = \sigma^2
$$

而 S^2 是修正的样本方差,因此修正的样本方差是 σ^2 的无偏估计量.

因此,无论总体 X 服从什么分布,只要其数学期望和方差存在,则样本均值和修正的样本方差分别为期望 $E(X)$ 和方差 $Var(X)$ 的无偏估计,所以以后提到样本方差均指的是修正的样本方差,但 $S=\sqrt{\dfrac{1}{n-1}\sum_{i=1}^{n}(X_i-\bar{X})^2}$ 一般不是标准差 σ 的无偏估计,下面的例子将会给出证明.

例 3.2.3　设 $X_1,\cdots,X_n$ 是来自正态总体 $N(\mu,\sigma^2)$ 的一个样本,考察 σ 的估计量 $S=\sqrt{\dfrac{1}{n-1}\sum_{i=1}^{n}(X_i-\bar{X})^2}$ 的无偏性.

解 由第 2 章的定理可得

$$\frac{(n-1)S^2}{\sigma^2} \sim \chi^2(n-1)$$

所以

$$E(\sqrt{n-1}S/\sigma) = \int_0^{+\infty} \sqrt{x} \frac{e^{-\frac{x}{2}} x^{\frac{n-1}{2}-1}}{2^{\frac{n-1}{2}} \Gamma\left(\frac{n-1}{2}\right)} dx$$

$$= \frac{\sqrt{2}}{\Gamma\left(\frac{n-1}{2}\right)} \int_0^{+\infty} e^{-\frac{x}{2}} \left(\frac{x}{2}\right)^{\frac{n}{2}-1} d\frac{x}{2} = \frac{\sqrt{2}\Gamma\left(\frac{n}{2}\right)}{\Gamma\left(\frac{n-1}{2}\right)}$$

所以 $E(S) = \dfrac{\sigma}{\sqrt{n-1}} \dfrac{\sqrt{2}\Gamma\left(\dfrac{n}{2}\right)}{\Gamma\left(\dfrac{n-1}{2}\right)} \neq \sigma$, 即 S 是 σ 的有偏估计量.

例 3.2.4 设非退化的总体 X 的数学期望 $E(X) = a$ 存在, 证明: $(\bar{X})^2$ 不是 a^2 的无偏估计量.

证明

$$E[(\bar{X})^2] = E\left\{[(\bar{X}-a)+a]^2\right\} = E[(\bar{X}-a)^2 + 2a(\bar{X}-a) + a^2]$$

$$= Var(\bar{X}) + a^2 > a^2$$

所以 $(\bar{X})^2$ 不是 a^2 的无偏估计量.

由上述两个例子可知, 一般情况下, 由 $\hat{\theta}$ 是 θ 的无偏估计量, 于是除线性函数外, 不能推出 $\hat{\theta}$ 的函数 $f(\hat{\theta})$ 是 $f(\theta)$ 的无偏估计量.

无偏性对估计量来说是一个常见的要求, 也是一种优良的特性, 甚至经常作为估计量评价的首要标准. 就实际应用而言, 它保证了多次重复的平均意义下给出接近于真值的估计. 这一点有时是有实际意义的, 如某供应商长期向某销售商提供一种商品(如煤), 在对该产品数量的检验上, 双方同意采用抽样的方法对每批的数量进行估计. 就抽样而言, 有的批次会比标准值偏高, 有的批次会比标准值偏低. 如果双方的合作是长期多批次的, 并且这种估计是无偏的, 则总体来说对双方是公平的, 这种情形在实践中也应该是都能够被接受的. 然而, 有时无偏性并不具备实际的可行性, 如供应商和销售商没有长期合作关系, 则正负偏差不能抵消, 这时无偏性就没有实际意义了. 还有一种情况是被估计的量的偏差是不能抵消的, 如供应商向销售商提供的商品是螺丝, 一批直径明显偏大, 另一批直径明显偏小, 即使通过抽样对几批螺丝的系统误差做出的估计是无偏的, 这些螺丝也是无法销售出去的, 这样的"平均"也是没有实际意义的. 不仅如此, 有时就参数估计本身而言, 无偏估计也是有局限性的.

例 3.2.5 设总体 X 服从参数为 λ 的泊松分布, $X_1, X_2, \cdots, X_n$ 为取自 X 的样本, 现用统计量 $(-2)^{X_1}$ 作为 $e^{-3\lambda}$ 的估计, 则由

$$E[(-2)^{X_1}] = \mathrm{e}^{-\lambda} \sum_{k=0}^{+\infty} (-2)^k \frac{\lambda^k}{k!} = \mathrm{e}^{-\lambda} \mathrm{e}^{-2\lambda} = \mathrm{e}^{-3\lambda}$$

可知此估计量是无偏的. 但当 X_1 取奇数时, $(-2)^{X_1} < 0$, 显然用它作为 $\mathrm{e}^{-3\lambda} > 0$ 的估计量是不合适的.

从以上分析可知, 无偏性是对统计量的一个重要而常用的评价标准, 有时又存在一定的弊端. 并且, 有些情况下无偏估计量是不存在的, 有些情况下 (大多数) 未知参数的无偏估计量又不止一个, 这时无偏性的要求是不够的. 事实上, 无偏性反映的仅是估计量的取值在未知参数真值附近的波动, 但未强调波动程度的大小, 而方差是反映随机变量取值波动程度大小的度量. 一个好的估计量不仅应该具有无偏性, 而且方差应该尽可能小.

3.2.2　有效性

定义 3.2.3　设总体 X 有分布函数 $F(\bullet; \theta)$, 未知参数 $\theta \in \Theta$, Θ 为参数空间, $X_1, \cdots, X_n$ 是 X 的样本, $\hat{g}_1(X_1, \cdots, X_n)$ 和 $\hat{g}_2(X_1, \cdots, X_n)$ 都是待估函数 $g(\theta)$ 的无偏估计量, 若有

$$Var[\hat{g}_1(X_1, \cdots, X_n)] \leqslant Var[\hat{g}_2(X_1, \cdots, X_n)]$$

则称 $\hat{g}_1(X_1, \cdots, X_n)$ 比 $\hat{g}_2(X_1, \cdots, X_n)$ 有效.

此定义常见的特殊情形是 $g(\theta) = \theta$.

例 3.2.6　设 $X_1, \cdots, X_n$ 是取自某总体的样本, 记总体均值为 μ, 总体方差为 σ^2, 则 $\hat{\mu}_1 = \bar{X}, \hat{\mu}_2 = X_1$ 都是 μ 的无偏估计量, 但

$$Var(\hat{\mu}_1) = \frac{\sigma^2}{n}, \quad Var(\hat{\mu}_2) = \sigma^2$$

显然, 只要 $n>1$, $\hat{\mu}_1$ 就比 $\hat{\mu}_2$ 有效, 这也表明用全部数据的平均估计总体均值要比只使用部分数据更有效.

那么, 我们自然要问, 在所有的无偏估计量中, 有没有最有效的估计量呢? 即是否存在方差最小的无偏估计量呢?

定义 3.2.4　设 $X_1, \cdots, X_n$ 为总体 X 的一个样本, 总体的未知参数 $\theta \in \Theta$, Θ 为参数空间, $\hat{g}_1(X_1, \cdots, X_n)$ 为待估函数 $g(\theta)$ 的一个无偏估计量. 若对 $g(\theta)$ 的任一个无偏估计量 $\hat{g}(X_1, \cdots, X_n)$, 都有

$$Var[\hat{g}_1(X_1, \cdots, X_n)] \leqslant Var[\hat{g}(X_1, \cdots, X_n)]$$

则称 $\hat{g}_1(X_1, \cdots, X_n)$ 是 $g(\theta)$ 的一个一致最小方差无偏估计量, 简记为 UMVUE.

此定义常见的特殊情形是 $g(\theta) = \theta$.

显然, 直接用定义验证某个估计量是 $g(\theta)$ 的最优无偏估计是困难的. 我们从另一个角度来研究这一问题, 即考虑 $g(\theta)$ 的一切无偏估计 U, 如果能求出这一类无偏估计中方差的一个下界 (下界显然存在, 至少可以取 0), 而又能证明某个估计 $T \in U$ 能达到这一下界, 则 T 当然就是一个 UMVUE.

下面我们来求这个下界. 不妨考虑总体为连续型的, 简记统计量 $T = T(X_1, X_2, \cdots, X_n)$

为 $T(X)$,样本 $X_1, X_2, \cdots, X_n$ 的分布密度 $\prod\limits_{i=1}^{n} f(x_i; \theta)$ 为 $f(x; \theta)$. 现考虑 $g(\theta)$ 的一个无偏估计

$T(X)$,即有

$$\int T(x) f(x; \theta) \mathrm{d}x = g(\theta)$$

上式两边对 θ 求导,得

$$\int T(x) \frac{\partial f(x; \theta)}{\partial \theta} \mathrm{d}x = g'(\theta) \tag{3.1}$$

又

$$\int f(x; \theta) \mathrm{d}x = 1$$

上式两边对 θ 求导

$$\int \frac{\partial f(x; \theta) \mathrm{d}x}{\partial \theta} = 0 \tag{3.2}$$

式(3.1)加上式(3.2)乘以 "$-g(\theta)$" ,得

$$\int [T(x) - g(\theta)] \frac{\partial f(x; \theta)}{\partial \theta} \mathrm{d}x = g'(\theta)$$

上式改写成

$$g'(\theta) = \int \left\{ [T(x) - g(\theta)] \sqrt{f(x; \theta)} \right\} \left\{ \frac{\sqrt{f(x; \theta)}}{f(x; \theta)} \frac{\partial f(x; \theta)}{\partial \theta} \right\} \mathrm{d}x$$

用柯西 - 施瓦茨不等式,即得

$$[g'(\theta)]^2 \leqslant \int [T(x) - g(\theta)]^2 f(x; \theta) \mathrm{d}x \int \left(\frac{\partial f(x; \theta)}{\partial \theta} \frac{1}{f(x; \theta)} \right)^2 f(x; \theta) \mathrm{d}x \tag{3.3}$$

其中

$$\int [T(x) - g(\theta)]^2 f(x; \theta) \mathrm{d}x - D_\theta(T) \tag{3.4}$$

$$\int \left(\frac{\partial f(x; \theta)}{\partial \theta} \frac{1}{f(x; \theta)} \right)^2 f(x; \theta) \mathrm{d}x = E_\theta \left[\left(\frac{\partial \ln f(x; \theta)}{\partial \theta} \right)^2 \right] \tag{3.5}$$

由式(3.3)至式(3.5)即得著名的罗 - 克拉美(Rao-Cramer)不等式(简称 R-C 不等式):

$$D_\theta[T(X)] \geqslant \frac{[g'(\theta)]^2}{E_\theta \left[\left(\frac{\partial \ln f(X; \theta)}{\partial \theta} \right)^2 \right]} \tag{3.6}$$

注意到 $X_1, X_2, \cdots, X_n$ 独立同分布,则由

$$\frac{\partial \ln f(x; \theta)}{\partial \theta} = \sum_{i=1}^{n} \frac{\partial \ln f(x_i; \theta)}{\partial \theta}$$

以及当 $i \neq j$ 时,利用式(3.2),有

$$E_\theta \left[\left(\frac{\partial \ln f(X_i; \theta)}{\partial \theta} \right) \left(\frac{\partial \ln f(X_j; \theta)}{\partial \theta} \right) \right]$$

$$= E_\theta \left(\frac{\partial \ln f(X_i; \theta)}{\partial \theta} \right) E_\theta \left(\frac{\partial \ln f(X_j; \theta)}{\partial \theta} \right)$$

$$= E_\theta\left(\frac{\partial \ln f(X_i;\theta)}{\partial \theta}\right)\iint \frac{\partial \ln f(x_j;\theta)}{\partial \theta}f(x_j;\theta)\mathrm{d}x_j$$

$$= E_\theta\left(\frac{\partial \ln f(X_i;\theta)}{\partial \theta}\right)\iint \frac{\partial f(x_j;\theta)}{\partial \theta}\mathrm{d}x_j = 0$$

可得

$$E_\theta\left[\left(\frac{\partial \ln f(X;\theta)}{\partial \theta}\right)^2\right] = \sum_{i=1}^{n}E_\theta\left[\left(\frac{\partial \ln f(X_i;\theta)}{\partial \theta}\right)^2\right]$$

$$= nE_\theta\left[\left(\frac{\partial \ln f(X_1;\theta)}{\partial \theta}\right)^2\right]$$

$$= nI(\theta)$$

其中 $I(\theta) = E_\theta\left[\left(\frac{\partial \ln f(X_1;\theta)}{\partial \theta}\right)^2\right]$ 称为费希尔(Fisher)信息量,于是式(3.6)可简写成

$$D_\theta[T(X)] \geq [g'(\theta)]^2/nI(\theta) \tag{3.7}$$

式(3.7)的右边称为 $g(\theta)$ 估计量方差的 R-C 下界. 还可以证明 $I(\theta)$ 的另一表达式,它有时用起来更方便:

$$I(\theta) = -E_\theta\left(\frac{\partial^2 \ln f(X_1;\theta)}{\partial \theta^2}\right)$$

总结上述分析,即得如下定理.

定理 3.2.1(罗 - 克拉美定理) 设总体 X 的分布密度为 $p(\bullet;\theta)$,一维未知参数 $\theta \in \Theta$,参数空间 Θ 为一个开区间,$X_1,\cdots,X_n$ 为总体 X 的样本,$\hat{g}(X_1,\cdots,X_n)$ 是待估函数 $g(\theta)$ 的任意一个无偏估计量. 假定:

(1)集合 $\{x: p(x;\theta) > 0\}$ 与 θ 无关,即密度为正值的那些 x 组成的集合与 θ 值无关;

(2) $g'(\theta)$ 与 $\dfrac{\partial}{\partial \theta}p(x;\theta)$ 均存在,且对一切 $\theta \in \Theta$,有

$$\frac{\mathrm{d}}{\mathrm{d}\theta}\int_{-\infty}^{+\infty}p(x;\theta)\mathrm{d}x = \int_{-\infty}^{+\infty}\frac{\partial}{\partial \theta}p(x;\theta)\mathrm{d}x = 0$$

$$\frac{\mathrm{d}}{\mathrm{d}\theta}\int_{-\infty}^{+\infty}\cdots\int_{-\infty}^{+\infty}\hat{g}(x_1,x_2,\cdots,x_n)\prod_{i=1}^{n}p(x_i;\theta)\mathrm{d}x_1\cdots\mathrm{d}x_n$$

$$= \int_{-\infty}^{+\infty}\cdots\int_{-\infty}^{+\infty}\hat{g}(x_1,x_2,\cdots,x_n)\frac{\partial}{\partial \theta}\left[\prod_{i=1}^{n}p(x_i;\theta)\right]\mathrm{d}x_1\cdots\mathrm{d}x_n$$

(3)记 $I(\theta) = E_\theta\left[\left(\dfrac{\partial}{\partial \theta}\ln p(x;\theta)\right)^2\right]$ $(\theta \in \Theta)$.

当 $I(\theta) > 0$ 时,则

$$Var_\theta[\hat{g}(x_1,x_2,\cdots,x_n)] \geq \frac{[g'(\theta)]^2}{nI(\theta)} \quad (\theta \in \Theta)$$

特别地,当 $g(\theta) = \theta$ 时,上面的不等式成为

$$Var_\theta[\hat{g}(x_1,x_2,\cdots,x_n)] \geq \frac{1}{nI(\theta)} \quad (\theta \in \Theta)$$

可以证明,$I(\theta)$ 有另一个比较易于计算的表达式:

$$I(\theta) = -E_\theta\left[\frac{\partial^2}{\partial\theta^2}\ln p(x;\theta)\right]$$

我们将上述定理中的条件称为**正则条件**. 当参数 θ 的无偏估计 $\hat{\theta}$ 的方差达到 R-C 下界 $\dfrac{1}{nI(\theta)}$ 时,$nI(\theta)$ 越大,表示方差越小,说明估计的精确程度越高. 当样本容量 n 固定时,$I(\theta)$ 越大,估计的精确程度越高,表明总体分布本身提供的关于 θ 的信息量越多. 因此,称 $I(\theta)$ 为 **Fisher 信息量或信息量**,即将 $I(\theta)$ 视为一种衡量总体分布所含关于 θ 的信息多少的量.

例 3.2.7　设总体 X 服从 $B(1,p)$ 分布(即参数为 p 的 0-1 分布),$X_1,\cdots,X_n$ 为总体 X 的样本,试求 p 的无偏估计方差的 R-C 下界,并验证 $\hat{p} = \bar{X}$ 为 p 的 UMVUE.

解　X 的分布律为

$$f(x;p) = p^x(1-p)^{1-x} \quad (x=0,1)$$

易验证 $f(x;p)$ 满足定理 3.2.1 中的正则条件,又

$$\frac{\partial}{\partial p}[\ln f(x;p)] = \frac{\partial}{\partial p}[x\ln p + (1-x)\ln(1-p)]$$

$$= \frac{x}{p} - \frac{1-x}{1-p} = \frac{x-p}{p(1-p)}$$

于是

$$I(p) = E\left\{\left[\frac{\partial}{\partial p}\ln f(X;p)\right]^2\right\} = E\left[\frac{X-p}{p(1-p)}\right]^2$$

$$= \frac{Var(X)}{p^2(1-p)^2} = \frac{1}{p(1-p)}$$

于是 p 的任一无偏估计量 $\hat{p}$ 均满足

$$Var(\hat{p}) \geqslant \frac{1}{nI(p)} = \frac{p(1-p)}{n}$$

考察 p 的无偏估计量 $\hat{p} = \bar{X}$,因为 $Var(X) = p(1-p)$,所以

$$Var(\hat{p}) = Var(\bar{X}) = \frac{1}{n}Var(X) = \frac{p(1-p)}{n}$$

即 $\hat{p} = \bar{X}$ 是达到 R-C 下界的无偏估计量,所以是参数 p 的一个 UMVUE.

定理 3.2.2　假定满足罗 - 克拉美定理的条件:

(1)设 $\hat{g} = \hat{g}(x_1,x_2,\cdots,x_n)$ 是 $g(\theta)$ 的一个无偏估计量,若有

$$Var_\theta(\hat{g}) = \frac{[g'(\theta)]^2}{nI(\theta)} \quad (\theta \in \Theta)$$

则称 $\hat{g}(x_1,x_2,\cdots,x_n)$ 为 $g(\theta)$ 的有效估计量;

(2)若 $\hat{g} = \hat{g}(x_1,x_2,\cdots,x_n)$ 是 $g(\theta)$ 的一个无偏估计量,则 $\dfrac{[g'(\theta)]^2}{nI(\theta)}$ 与 $Var_\theta(\hat{g})$ 之比

$$\frac{[g'(\theta)]^2}{nI(\theta)}\bigg/ Var_\theta(\hat{g}) = \frac{[g'(\theta)]^2}{nI(\theta)Var_\theta(\hat{g})} \triangleq e_n(\theta,\hat{g})$$

称为无偏估计量 $\hat{g}(x_1,x_2,\cdots,x_n)$ 的效率;

（3）若 $\lim\limits_{n\to\infty}e_n(\theta,\hat{g})=e_0(\theta,g)$，则称 $e_0(\theta,g)=1$ 为无偏估计量的渐近效率;若 $e_0(\theta,g)=1$，则称无偏估计量 $\hat{g}(x_1,x_2,\cdots,x_n)$ 为 $g(\theta)$ 的渐近有效估计量.

由 R-C 不等式可知效率 $e_0(\theta,g)$ 满足

$$0<e_0(\theta,g)<1$$

$\hat{g}(x_1,x_2,\cdots,x_n)$ 是有效估计量的充要条件是 $e_0(\theta,g)=1$；当样本容量 n 充分大时，渐近有效估计量的效率 $e_0(\theta,g)$ 接近 1.

例 3.2.8　设总体 $X\sim N(\mu,\sigma^2)$，$X_1,X_2,\cdots,X_n$ 为 X 的样本，则 μ 的无偏估计 $\overline{X}$ 是有效的，σ^2 的无偏估计 S_*^2 是渐近有效的.

证明　（1）由例 3.2.1 和例 3.2.2 知，$\overline{X}$ 和 S_*^2 分别是 μ 和 σ^2 的无偏估计.

（2）计算 $D(\overline{X})$，$D(S_*^2)$. 易知

$$D(\overline{X})=\frac{\sigma^2}{n}$$

又 $\dfrac{nS^2}{\sigma^2}\sim\chi^2(n-1)$，$D\left(\dfrac{nS^2}{\sigma^2}\right)=2(n-1)$，从而

$$D(S_*^2)=D\left[\frac{\sigma^2}{n-1}\left(\frac{nS^2}{\sigma^2}\right)\right]=\frac{\sigma^4}{(n-1)^2}\times2(n-1)=\frac{2\sigma^4}{n-1}$$

（3）计算 $I(\mu),I(\sigma^2)$.

$$\frac{\partial\ln f(X_1;\mu,\sigma^2)}{\partial\mu}=\frac{X_1-\mu}{\sigma^2}$$

故

$$I(\mu)=E\left[\frac{\partial\ln f(X_1;\mu,\sigma^2)}{\partial\mu}\right]=\frac{1}{\sigma^4}D(X_1)=\frac{1}{\sigma^2}$$

又

$$\frac{\partial\ln f(X_1;\mu,\sigma^2)}{\partial\sigma^2}=-\frac{1}{2\sigma^2}+\frac{1}{2\sigma^4}(X_1-\mu)^2$$

$$\frac{\partial\ln f(X_1;\mu,\sigma^2)}{(\partial\sigma^2)^2}=\frac{1}{2\sigma^4}-\frac{1}{\sigma^6}(X_1-\mu)^2$$

故

$$I(\sigma^2)=-E\left[\frac{\partial^2\ln f(X_1;\mu,\sigma^2)}{(\partial\sigma^2)^2}\right]=-\frac{1}{2\sigma^4}+\frac{1}{\sigma^4}=\frac{1}{2\sigma^4}$$

（4）计算效率 $e_n(\overline{X}),e_n(S_*^2)$.

$$e_n(\overline{X})=\frac{1}{D(\overline{X})nI(\mu)}=\frac{1}{\dfrac{\sigma^2}{n}\times n\dfrac{1}{\sigma^2}}=1$$

$$e_n(S_*^2)=\frac{1}{D(S_*^2)nI(\sigma^2)}=\frac{1}{\dfrac{2\sigma^4}{n-1}\times n\dfrac{1}{2\sigma^4}}=\frac{n-1}{n}\to1,n\to+\infty$$

（5）故 $\bar{X}$ 是 μ 的有效估计, S_*^2 是 σ^2 的渐近有效估计.

例 3.2.9 考虑泊松分布参数 λ 的矩估计量 $\hat{\lambda}_1 = \bar{X}$ 的有效性（由于 $\hat{\lambda}_2 = S^2$ 不是无偏估计,不考虑其有效性）.注意,对离散型总体,在考虑 Fisher 信息量时用概率分布来取代概率密度,故有

$$\ln p(X_1;\lambda) = \ln e^{-\lambda}\frac{\lambda^{X_1}}{X_1!} = -\lambda + X_1\ln\lambda - \ln X_1!$$

$$\frac{\partial \ln p(X_1;\lambda)}{\partial \lambda} = -1 + \frac{X_1}{\lambda}$$

$$\frac{\partial^2 \ln p(X_1;\lambda)}{\partial \lambda^2} = -\frac{X_1}{\lambda^2}$$

故

$$I(\lambda) = -E\frac{\partial^2 \ln p(X_1;\lambda)}{\partial \lambda^2} = \frac{\lambda}{\lambda^2} = \frac{1}{\lambda}$$

从而效率

$$e_n = \frac{1}{D(\bar{X})nI(\lambda)} = \frac{1}{\frac{\lambda}{n}\cdot n\cdot\frac{1}{\lambda}} = 1$$

它是有效的,从而也是最小方差无偏估计量.

下面给出一个利用充分完备统计量来分析一致最小方差无偏估计量的重要定理,并引入一种重要的分布族.

引理 3.2.1 设总体 X 的分布函数为 $F(x;\theta)$, θ 是未知参数, $\theta\in\Theta$, $X_1,X_2,\cdots,X_n$ 是来自总体 X 的样本,如果 $\hat{\theta}$ 是 θ 的无偏估计量,且方差有限, $T(X_1,X_2,\cdots,X_n)$ 是 θ 的充分统计量,记 $\hat{\theta}^* = E_\theta(\hat{\theta}|T)$,则 $\hat{\theta}^*$ 是 θ 的无偏估计量,且 $D_\theta(\hat{\theta}^*)\leqslant D_\theta(\hat{\theta})$,当且仅当 $P_\theta(\hat{\theta}=\hat{\theta}^*)=1$ 时等号成立.

证明 由条件 $\hat{\theta}$ 是 θ 的无偏估计量, T 是 θ 的充分统计量知, $\hat{\theta}^* = E_\theta(\hat{\theta}|T)$ 中不含 θ .再根据条件期望的性质可得

$$E_\theta(\hat{\theta}^*) = E_\theta[E_\theta(\hat{\theta}|T)] = E(\hat{\theta}) = \theta$$

又

$$D_\theta(\hat{\theta}) = E_\theta(\hat{\theta}-\theta)^2 = E_\theta[(\hat{\theta}-\hat{\theta}^*)+(\hat{\theta}^*-\theta)]^2$$
$$= E_\theta[(\hat{\theta}-\hat{\theta}^*)^2 + (\hat{\theta}^*-\theta)^2 + 2(\hat{\theta}-\hat{\theta}^*)(\hat{\theta}^*-\theta)]$$
$$= E_\theta[(\hat{\theta}-\hat{\theta}^*)^2] + D_\theta(\hat{\theta}^*) + 2E_\theta[(\hat{\theta}-\hat{\theta}^*)(\hat{\theta}^*-\theta)]$$

而

$$E_\theta[(\hat{\theta}-\hat{\theta}^*)(\hat{\theta}^*-\theta)] = E_\theta[E_\theta[(\hat{\theta}-\hat{\theta}^*)(\hat{\theta}^*-\theta)|T]]$$
$$= E_\theta[(\hat{\theta}^*-\theta)E_\theta[(\hat{\theta}-\hat{\theta}^*)|T]] = E_\theta[(\hat{\theta}^*-\theta)E_\theta[(\hat{\theta}|T)-\hat{\theta}^*]] = 0$$

故

$$D_\theta(\hat{\theta}) = E_\theta[(\hat{\theta}-\hat{\theta}^*)^2] + D_\theta(\hat{\theta}^*) \geqslant D_\theta(\hat{\theta}^*)$$

并且当且仅当 $P_\theta(\hat{\theta}=\hat{\theta}^*)=1$ 时上式等号成立.

定理 3.2.3　设总体 X 的分布函数为 $F(x;\theta)$，$\theta\in\Theta$，$X_1,X_2,\cdots,X_n$ 是来自总体 X 的样本，$T(X_1,X_2,\cdots,X_n)$ 是 θ 的充分完备统计量，如果 θ 的无偏估计量存在，则 $E_\theta(\hat{\theta}|T)$ 是 θ 的唯一的一致最小方差无偏估计量.

证明　设 $\hat{\theta}_1$ 和 $\hat{\theta}_2$ 为 θ 的任意两个无偏估计量，由引理知 $E(\hat{\theta}_1|T)$ 和 $E(\hat{\theta}_2|T)$ 也是 θ 的无偏估计量，并且对任给的 $\theta\in\Theta$，有

$$E_\theta[E(\hat{\theta}_1|T)]=E_\theta[E(\hat{\theta}_2|T)]=\theta$$

$$D_\theta[E(\hat{\theta}_1|T)]\leqslant D_\theta(\hat{\theta}_1)$$

$$D_\theta[E(\hat{\theta}_2|T)]\leqslant D_\theta(\hat{\theta}_2)$$

故对任给的 $\theta\in\Theta$，有

$$E_\theta[E(\hat{\theta}_1|T)-E(\hat{\theta}_2|T)]=0$$

再根据 T 是 θ 的完备统计量，则有

$$P[E(\hat{\theta}_1|T)-E(\hat{\theta}_2|T)=0]=1$$

即

$$P[E(\hat{\theta}_1|T)=E(\hat{\theta}_2|T)]=1$$

故对 θ 的任意两个无偏估计量 $\hat{\theta}_1$ 和 $\hat{\theta}_2$，均有

$$E(\hat{\theta}_1|T)=E(\hat{\theta}_2|T)$$

从而由引理知，$\hat{\theta}^*\triangleq E(\hat{\theta}_1|T)$ 是 θ 的一致最小方差无偏估计量，也是唯一的一致最小方差无偏估计量.

由上述分析，求 θ 的一致最小方差无偏估计量可分解为如下步骤：

（1）寻找 θ 的充分完备统计量 T 和无偏估计量 $\hat{\theta}$；

（2）计算 $E_\theta(\hat{\theta}|T)$.

显然，根据该步骤并结合例 2.2.3 和例 2.2.5 可知，样本均值是 0-1 分布总体中参数 p 的一致最小方差无偏估计量.

尽管上述分析告诉我们，只要找到 θ 的充分完备统计量 T 和无偏估计量 $\hat{\theta}$ 并计算 $E_\theta(\hat{\theta}|T)$，就可得到 θ 的一致最小方差无偏估计量，但往往找到 θ 的充分完备统计量 T 并不容易，而对于指数分布族寻找充分完备统计量却较方便，并且该分布族包含了大量常用分布，为此我们有必要引入指数分布族.

定义 3.2.5　如果随机变量 X 的概率密度函数 $f(x;\theta)$，$\theta\in\Theta$ 可以表示为

$$f(x;\theta)=c(\theta)\exp\left\{\sum_{j=1}^{k}c_j(\theta)T_j(x)\right\}h(x)$$

其中 k 为正整数，$0<c(\theta),c_1(\theta),\cdots,c_k(\theta)<+\infty$，所有的 $T_j(x)$ 都与 θ 无关，$h(x)>0$，则称分布族 $f(x;\theta)$，$\theta\in\Theta$ 为**指数分布族**.

对于指数分布族有如下定理.

定理 3.2.4　设总体 X 的概率密度函数为 $f(x;\theta)$，$\theta\in\Theta$，$X_1,X_2,\cdots,X_n$ 是来自总体 X 的

样本,样本的联合概率密度具有如下形式:

$$f(x;\theta) = c(\theta)\exp\left\{\sum_{j=1}^{k} c_j(\theta)T_j(x)\right\}h(x)$$

其中 $\theta = (\theta_1, \cdots, \theta_k)$, $x = (x_1, \cdots, x_n)$,如果 Θ 中包含一个 k 维矩形,并且 $C = (c_1, \cdots, c_k)$ 的值域有一个 k 维开集,则

$$T(X_1, X_2, \cdots, X_n) = [T_1(X_1, X_2, \cdots, X_n), \cdots, T_k(X_1, X_2, \cdots, X_n)]$$

为 k 维向量 θ 的充分完备统计量.

例 3.2.10　二项分布族是指数分布族.

因为它对计数测度的概率密度函数为

$$\begin{aligned}
p_\theta(x) &= \binom{n}{x}\theta^x(1-\theta)^{n-x} = \binom{n}{x}(1-\theta)^n \mathrm{e}^{x\ln\frac{\theta}{1-\theta}} \\
&= c(\theta)\exp\left\{c_1(\theta)x\right\}h(x) \quad (x = 0, 1, \cdots, n)
\end{aligned}$$

其中 $c(\theta) = (1-\theta)^n, c_1(\theta) = \ln\dfrac{\theta}{1-\theta}, h(x) = \dbinom{n}{x}$.

由该定理再次可知,样本均值是 0-1 分布总体中参数 p 的一致最小方差无偏估计量.

例 3.2.11　正态分布族 $\left\{N(\mu, \sigma^2); \theta = (\mu, \sigma^2) \in \mathbf{R} \times \mathbf{R}^+\right\}$ 是指数分布族,因为它的密度函数为

$$p_\theta(x) = \frac{1}{\sqrt{2\pi}\sigma}\mathrm{e}^{-\frac{(x-\mu)^2}{2\sigma^2}} = \frac{1}{\sqrt{2\pi}\sigma}\exp\left\{-\frac{\mu^2}{2\sigma^2} - \frac{x^2}{2\sigma^2} + \frac{\mu}{\sigma^2}x\right\}$$

取 $c(\mu, \sigma) = \dfrac{1}{\sqrt{2\pi}\sigma}\mathrm{e}^{-\frac{\mu^2}{2\sigma^2}}, c_1(\mu, \sigma) = \dfrac{\mu}{\sigma^2}, c_2(\mu, \sigma) = -\dfrac{1}{2\sigma^2}, h(x) = 1$,因此有

$$p_\theta(x) = c(\mu, \sigma)\exp\left\{c_1(\mu, \upsilon)x + c_2(\mu, \sigma)x^2\right\}$$

特别地,当 $X = (X_1, \cdots, X_n)$ 是来自正态总体 $N(\mu, \sigma^2)$ 的一个样本时,其样本的联合密度函数为

$$p_\theta(x) = [c(\mu, \sigma)]^n \exp\left\{c_1(\mu, \sigma)\sum_{i=1}^{n}x_i + c_2(\mu, \sigma)\sum_{i=1}^{n}x_i^2\right\}$$

它仍然是一个指数分布族.

3.2.3　相合性

定义 3.2.6　设总体 X 的概率函数为 $p(x;\theta)$, $X_1, \cdots, X_n$ 为总体 X 的样本,$\left\{\hat{\theta}_n = T_n(X_1, X_2, \cdots, X_n)\right\}$ 为未知参数 θ 的估计量序列,Θ 为参数空间,若对任意 $\varepsilon > 0$,有

$$\lim_{n \to +\infty} P_\theta\left\{\left|\hat{\theta}_n - \theta\right| < \varepsilon\right\} = 1 \quad (\theta \in \Theta)$$

即

$$\hat{\theta}_n \xrightarrow{P} \theta(n \to +\infty) \quad (\theta \in \Theta)$$

则称 $\hat{\theta}_n$ 为 θ 的相合估计量,也可说 $\hat{\theta}_n$ 具有相合性(一致性).

定义中的 $\hat{\theta}_n$, θ 也可以分别换为 $\hat{g}_n$, $g(\theta)$.

定理 3.2.5 样本原点矩是相应的总体原点矩的相合估计量,即

$$\bar{X}^k \xrightarrow{P} E(X^k) \quad (n \to +\infty, k > 0)$$

证明 由样本定义可知 $X_1, \cdots, X_n$ 相互独立且与总体 X 同分布,于是 $X_1^k, X_2^k, \cdots, X_n^k$ 也相互独立,且与 X^k 同分布. 为了估计 $E(X^k)$,根据辛钦大数定律,对任意 $\varepsilon > 0$,有

$$\lim_{n \to +\infty} P\left\{\left|\frac{1}{n}\sum_{i=1}^{n} X_i^k - E(X^k)\right| < \varepsilon\right\} = 1$$

这就证明了样本的 k 阶原点矩 $\bar{X}^k = \frac{1}{n}\sum_{i=1}^{n} X_i^k$ 是总体 k 阶原点矩 $E(X^k)$ 的相合估计量,其中 $k > 0$.

定理 3.2.6 若 $\left\{\hat{\theta}_k = T_k(X_1, X_2, \cdots, X_n)\right\}$ 是未知参数 θ_k 的相合估计量,其中 $k = 1, 2, \cdots, l$,又函数 $g(x_1, x_2, \cdots, x_l)$ 在点 $(\theta_1, \theta_2, \cdots, \theta_l)$ 连续,则 $g(\hat{\theta}_1, \hat{\theta}_2, \cdots, \hat{\theta}_l)$ 也是 $g(\theta_1, \theta_2, \cdots, \theta_l)$ 的相合估计量.

推论 3.2.1 样本中心矩是相应的总体中心矩的相合估计量.

例 3.2.12 设 $X_1, \cdots, X_n$ 为总体 X 的样本,若 $Var(X)$ 存在,证明 S 为 $\sqrt{Var(X)}$ 的相合估计量.

证明 因为 $n \to +\infty$ 时, S_n^2 依概率收敛于 $Var(X)$,即

$$S_n^2 \xrightarrow{P} Var(X) \quad (n \to +\infty)$$

又常数列 $\left\{\dfrac{n}{n-1}\right\}$ 可看成服从退化分布 $P\left\{Y_n = \dfrac{n}{n-1}\right\} = 1$ 的随机变量序列,于是 $\dfrac{n}{n-1} \xrightarrow{P} 1 (n \to +\infty)$.

所以, $S^2 = \dfrac{n}{n-1} S_n^2 \xrightarrow{P} Var(X) (n \to +\infty)$,即 S^2 是 $Var(X)$ 的相合估计量,由定理 3.2.6 可知 S 为 $\sqrt{Var(X)}$ 的相合估计量.

定理 3.2.7 设 $\hat{\theta}_n = T_n(X_1, X_2, \cdots, X_n)$ 为 θ 的估计量,若 $Var(\hat{\theta}_n)$ 存在,且

$$\lim_{n \to +\infty} E(\hat{\theta}_n) = \theta \quad (\theta \in \Theta) \text{ 及 } \lim_{n \to +\infty} Var(\hat{\theta}_n) = 0 \quad (\theta \in \Theta)$$

则 $\hat{\theta}_n$ 是 θ 的相合估计量.

证明 对任意一个随机变量 η ,若 $E(\eta^2)$ 存在,则对实数 c 及任意 $\varepsilon > 0$,有

$$P\left\{|\eta - c| \geq \varepsilon\right\} = \int_D p_\eta(x)\mathrm{d}x \leq \int_{-\infty}^{+\infty} \frac{(x-c)^2}{\varepsilon^2} p_\eta(x)\mathrm{d}x = \frac{E[(\eta - c)^2]}{\varepsilon^2}$$

其中 $D = \left\{x : |x - c| \geq \varepsilon\right\}$.

据此,可得 $P\left\{|\hat{\theta}_n - \theta| \geq \varepsilon\right\} \leq \dfrac{E[(\hat{\theta}_n - \theta)^2]}{\varepsilon^2}$,而

$$E[(\hat{\theta}_n - \theta)^2] = E[\hat{\theta}_n^2 - 2\hat{\theta}_n\theta + \theta^2] = E(\hat{\theta}_n^2) - 2\theta E(\hat{\theta}_n) + \theta^2$$

$$= Var(\hat{\theta}_n) + [E(\hat{\theta}_n)]^2 - 2\theta E(\hat{\theta}_n) + \theta^2$$

由定理的条件,得

$$\lim_{n \to +\infty} E[(\hat{\theta}_n - \theta)^2] = 0 + \theta^2 - 2\theta^2 + \theta^2 = 0$$

于是得

$$\lim_{n \to +\infty} P\left\{\left|\hat{\theta}_n - \theta\right| \geqslant \varepsilon\right\} = 0 \text{ 或 } \lim_{n \to +\infty} P\left\{\left|\hat{\theta}_n - \theta\right| < \varepsilon\right\} = 1$$

即证得 $\hat{\theta}_n$ 是 θ 的相合估计量.

利用样本方差是总体方差的相合估计量可得如下两个重要结论.

定理 3.2.8　设 X 为任意总体,存在有限方差 $Var(X) > 0$, $X_1, \cdots, X_n$ 为总体 X 的样本,则当 $n \to +\infty$ 时,有

$$\frac{\bar{X} - E(X)}{S/\sqrt{n}} \xrightarrow{L} N(0,1)$$

其中 S 为样本标准差.

定理 3.2.9　设 X 与 Y 为两个正态总体, $0 < Var(X) < +\infty$, $0 < Var(Y) < +\infty$,又 $X \sim N(\mu_1, \sigma_1^2)$, $X_1, X_2, \cdots, X_n$ 为总体 X 的样本, $Y \sim N(\mu_2, \sigma_2^2)$, $Y_1, Y_2, \cdots, Y_{n_2}$ 为总体 Y 的样本,且这两个样本相互独立,则当 $\min\{n_1, n_2\} = n \to +\infty$ 时,有

$$\frac{(\bar{X} - \bar{Y}) - (\mu_1 - \mu_2)}{\sqrt{\dfrac{S_1^2}{n_1} + \dfrac{S_2^2}{n_2}}} \xrightarrow{L} N(0,1)$$

其中 S_1^2, S_2^2 分别是前后两个样本的样本方差.

需要指出的是,相合性反映的是 $n \to +\infty$ 时估计量的性质,该性质对任何有限的 n 是没有意义的.并且相合估计可能不唯一,它们之间的差异往往通过渐近分布的渐近方差反映出来,如渐近正态分布.

3.3　区间估计

参数的点估计由样本给出,它是一个具体的取值,因而相对于真值会有一定的误差,而点估计的特点决定了它无法给出这种误差的描述.区间估计则是针对这一缺陷而给出的一种参数估计方法.

3.3.1　区间估计的概念

定义 3.3.1　设总体 X 的分布函数为 $F(x;\theta)$, θ 为未知参数且 $\theta \in \Theta$, $X_1, X_2, \cdots, X_n$ 是来自总体 X 的样本,若对事先给定的 $\alpha(0 < \alpha < 1)$ 存在两个统计量 $T_1 = T_1(X_1, X_2, \cdots, X_n)$, $T_2 = T_2(X_1, X_2, \cdots, X_n)$ 使得

$$P\left\{T_1(X_1, X_2, \cdots, X_n) < \theta < T_2(X_1, X_2, \cdots, X_n)\right\} = 1 - \alpha$$

则称区间 (T_1, T_2) 为参数 θ 的置信度为 $1 - \alpha$ 的**置信区间**. T_1 和 T_2 分别称为**置信下限**和**置信上**

限,而 $1-\alpha$ 称为置信区间 (T_1,T_2) 的**置信度**或**置信水平**.

由定义不难看出,置信区间 (T_1,T_2) 是一个随机区间,它的两个端点及区间的长度都是样本 $X_1,X_2,\cdots,X_n$ 的函数,并且都是统计量.通常情况下,用置信度的大小衡量可靠性,用置信区间的长度衡量精确度,并且在进行区间估计时要在保证可靠度的条件下尽可能提高精度.例如,当总体为正态总体时,为了尽可能提高精度,则采用等尾置信区间.

参数 θ 区间估计的意义在于,如果对样本 $X_1,X_2,\cdots,X_n$ 取得 N 组观测值 $(x_{1k},x_{2k},\cdots,x_{nk})(k=1,2,\cdots,N)$,对应统计量 T_1 和 T_2 的观测值记为 $t_{1k}=T_1(x_{1k},x_{2k},\cdots,x_{nk})$ 和 $t_{2k}=T_2(x_{1k},x_{2k},\cdots,x_{nk})(k=1,2,\cdots,N)$,则由样本取值的不确定性可知,所得 N 个区间 (t_{1k},t_{2k}) 并不一定都包含 θ 的真值.当定义中的等式成立时,根据伯努利大数定律,区间 (T_1,T_2) 包含参数 θ 真值的概率为 $1-\alpha$.

构造未知参数 θ 的置信区间的最常用方法是**枢轴量法**,具体步骤如下.

(1)构造样本和 θ 的函数 $W=W(X_1,\cdots,X_n,\theta)$,使其分布不依赖于未知参数,具有这种性质的 W 通常称为枢轴量.

(2)适当地选取两个常数 c 和 d,使得对给定的 $\alpha(0<\alpha<1)$,有

$$P(c \le W \le d)=1-\alpha$$

对于离散情形,上式等号改为大于或等于号.

(3)将不等式 $c \le W \le d$ 等价变换为 $\hat{\theta}_L \le \theta \le \hat{\theta}_U$,则有

$$P(\hat{\theta}_L \le \theta \le \hat{\theta}_U)=1-\alpha$$

这样得到的 $[\hat{\theta}_L,\hat{\theta}_U]$ 即为 θ 的置信度为 $1-\alpha$ 的置信区间.

上述构造置信区间的方法关键在于构造枢轴量 W,故把这种方法称为**枢轴量法**.枢轴量的寻找一般从 θ 的点估计出发,而满足(2)中等式或不等式的 c 和 d 往往有很多,选择的原则是要求区间的平均长度 $E_\theta(\hat{\theta}_U-\hat{\theta}_L)$ 尽可能短.

需要注意的是,尽管找到 c 和 d 以使 $E_\theta(\hat{\theta}_U-\hat{\theta}_L)$ 最短是我们所期待的,但在很多场合做到这一点并不容易.因此,通常的做法是选择 c 和 d,以使两个尾部概率均为 $\alpha/2$,即

$$P(W<c)=P(W>d)=\alpha/2$$

下面根据上述方法,给出一些具体分布的例子.

3.3.2 单个正态总体参数的置信区间

1. 正态总体均值的置信区间

1)σ^2 已知,μ 的置信区间

要求 μ 的置信度为 $1-\alpha$ 的置信区间,只需找到随机区间 $(T_1(X_1,X_2,\cdots,X_n)$, $T_2(X_1,X_2,\cdots,X_n))$,使得

$$P\{T_1<\mu<T_2\}=1-\alpha$$

因此要先构造一个分布已知的样本函数.

由于

$$\frac{\bar{X}-\mu}{\sigma/\sqrt{n}} \triangleq U \sim N(0,1)$$

故可通过 U 的置信度为 $1-\alpha$ 的置信区间来间接求出 μ 的置信度为 $1-\alpha$ 的置信区间,而要求 U 的置信度为 $1-\alpha$ 的置信区间,就要使其满足如下关系:

$$P\{t_1 < U < t_2\} = 1-\alpha$$

根据标准正态分布上 α 分位点的定义,取 $t_1 = -u_{\alpha/2}$,$t_2 = u_{\alpha/2}$,即可得到

$$P\{-u_{\alpha/2} < U < u_{\alpha/2}\} = 1-\alpha$$

通过不等式的等价变换,可得

$$P\left\{\bar{X} - u_{\alpha/2} \cdot \frac{\sigma}{\sqrt{n}} < \mu < \bar{X} + u_{\alpha/2} \cdot \frac{\sigma}{\sqrt{n}}\right\} = 1-\alpha$$

于是,总体均值 μ 的置信度为 $1-\alpha$ 的置信区间为

$$\left(\bar{X} - u_{\alpha/2} \cdot \frac{\sigma}{\sqrt{n}}, \bar{X} + u_{\alpha/2} \cdot \frac{\sigma}{\sqrt{n}}\right)$$

2) σ^2 未知,大样本下 μ 的置信区间

与 1) 类似,在大样本 σ 未知的情况下,可以直接用样本标准差 S 来代替总体标准差 σ,并近似地有 $\dfrac{\bar{X}-\mu}{S/\sqrt{n}} = U \sim N(0,1)$,与 1)中分析一样,可得总体均值 μ 的置信度为 $1-\alpha$ 的置信区间为

$$\left(\bar{X} - u_{\alpha/2} \cdot \frac{S}{\sqrt{n}}, \bar{X} + u_{\alpha/2} \cdot \frac{S}{\sqrt{n}}\right)$$

3) σ^2 未知,小样本下 μ 的置信区间

在第 2 章中我们已经得到 $\dfrac{\bar{X}-\mu}{S/\sqrt{n}} = t \sim t(n-1)$,于是可以通过找 t 的 $1-\alpha$ 置信区间来间接地找到 μ 的置信区间,即要找到 t_1,t_2 使得

$$P\{t_1 < t < t_2\} = 1-\alpha$$

根据 t 分布的特征可知,取 $t_1 = -t_{\alpha/2}(n-1)$,$t_2 = t_{\alpha/2}(n-1)$ 即满足上述要求. 通过不等式的等价变换,便可得到总体均值 μ 的置信度为 $1-\alpha$ 的置信区间为

$$\left(\bar{X} - t_{\alpha/2}(n-1) \cdot \frac{S}{\sqrt{n}}, \bar{X} + t_{\alpha/2}(n-1) \cdot \frac{S}{\sqrt{n}}\right)$$

2. 正态总体方差的置信区间

1) μ 已知,σ^2 的置信区间

在 μ 已知的情况下,由

$$\frac{\sum_{i=1}^{n}(X_i - \mu)^2}{\sigma^2} = \chi^2 \sim \chi^2(n)$$

并在卡方分布的两侧各取 $\alpha/2$,即得如下关系式

$$P\{\chi^2_{1-\alpha/2}(n) < \chi^2 < \chi^2_{\alpha/2}(n)\} = 1-\alpha$$

然后通过不等式的等价变换,即得 σ^2 的置信度为 $1-\alpha$ 的置信区间为

$$\left(\frac{n\sum_{i=1}^{n}(X_i-\mu)^2}{\chi^2_{\alpha/2}(n)}, \frac{n\sum_{i=1}^{n}(X_i-\mu)^2}{\chi^2_{1-\alpha/2}(n)} \right)$$

2)μ 未知,σ^2 的置信区间

当 μ 未知时,由 $\frac{(n-1)S^2}{\sigma^2}=\chi^2 \sim \chi^2(n-1)$ 可得

$$P\left\{ \chi^2_{1-\alpha/2}(n-1) < \chi^2 < \chi^2_{\alpha/2}(n-1) \right\} = 1-\alpha$$

再通过不等式的等价变换,即得 σ^2 的置信度为 $1-\alpha$ 的置信区间为

$$\left(\frac{(n-1)S^2}{\chi^2_{\alpha/2}(n-1)}, \frac{(n-1)S^2}{\chi^2_{1-\alpha/2}(n-1)} \right)$$

3.3.3 两个正态总体参数的置信区间

1. 两个正态总体均值之差的置信区间

设 $X_1,\cdots,X_m$ 是来自 $N(\mu_1,\sigma_1^2)$ 的样本,$Y_1,\cdots,Y_n$ 是来自 $N(\mu_2,\sigma_2^2)$ 的样本,且两个样本相互独立,$\bar{X}$ 和 $\bar{Y}$ 分别是它们的样本均值,$S_1^2=\frac{1}{m-1}\sum_{i=1}^{m}(X_i-\bar{X})^2$,$S_2^2=\frac{1}{n-1}\sum_{i=1}^{n}(Y_i-\bar{Y})^2$ 分别是它们的样本方差.

1)σ_1^2,σ_2^2 已知,$\mu_1-\mu_2$ 的置信区间

当 σ_1^2,σ_2^2 已知时,由 $\bar{X}-\bar{Y} \sim N\left(\mu_1-\mu_2,\frac{\sigma_1^2}{m}+\frac{\sigma_2^2}{n}\right)$ 可构造枢轴量,即

$$U = \frac{(\bar{X}-\bar{Y})-(\mu_1-\mu_2)}{\sqrt{\frac{\sigma_1^2}{m}+\frac{\sigma_2^2}{n}}}$$

并且有 $U \sim N(0,1)$,从而得 $\mu_1-\mu_2$ 的置信度为 $1-\alpha$ 的置信区间为

$$\left[(\bar{X}-\bar{Y})-u_{\alpha/2}\sqrt{\frac{\sigma_1^2}{m}+\frac{\sigma_2^2}{n}}, (\bar{X}-\bar{Y})+u_{\alpha/2}\sqrt{\frac{\sigma_1^2}{m}+\frac{\sigma_2^2}{n}} \right]$$

2)σ_1^2,σ_2^2 未知,大样本下 $\mu_1-\mu_2$ 的置信区间

在大样本 σ_1^2,σ_2^2 未知的情况下,σ_1^2,σ_2^2 可以直接用样本方差 S_1^2,S_2^2 代替,类似于单个总体的情形,可得 $\mu_1-\mu_2$ 的置信度为 $1-\alpha$ 的置信区间为

$$\left[(\bar{X}-\bar{Y})-u_{\alpha/2}\sqrt{\frac{S_1^2}{m}+\frac{S_2^2}{n}}, (\bar{X}-\bar{Y})+u_{\alpha/2}\sqrt{\frac{S_1^2}{m}+\frac{S_2^2}{n}} \right]$$

3)σ_1^2,σ_2^2 未知且相等,小样本下 $\mu_1-\mu_2$ 的置信区间

当 $\sigma_1^2=\sigma_2^2=\sigma^2$ 未知时,有

$$\frac{(\bar{X}-\bar{Y})-(\mu_1-\mu_2)}{S_w\sqrt{\dfrac{1}{m}+\dfrac{1}{n}}} \sim t(m+n-2)$$

其中 $S_w=\sqrt{\dfrac{(m-1)S_1^2+(n-1)S_2^2}{m+n-2}}$，因此可得 $\mu_1-\mu_2$ 的置信度为 $1-\alpha$ 的置信区间为

$$\left[(\bar{X}-\bar{Y})-t_{\alpha/2}(m+n-2)S_w\sqrt{\frac{1}{m}+\frac{1}{n}},(\bar{X}-\bar{Y})+t_{\alpha/2}(m+n-2)S_w\sqrt{\frac{1}{m}+\frac{1}{n}}\right]$$

4）σ_1^2,σ_2^2 未知且不相等，小样本下 $\mu_1-\mu_2$ 的置信区间

当 σ_1^2,σ_2^2 未知且不相等时，有

$$\frac{(\bar{X}-\bar{Y})-(\mu_1-\mu_2)}{\sqrt{\dfrac{S_1^2}{m}+\dfrac{S_2^2}{n}}} \sim t(f)$$

其中自由度

$$f=\frac{\left(\dfrac{S_1^2}{m}+\dfrac{S_2^2}{n}\right)^2}{\dfrac{(S_1^2/m)^2}{m-1}+\dfrac{(S_2^2/n)^2}{n-1}}$$

所以可得 $\mu_1-\mu_2$ 的置信度为 $1-\alpha$ 的置信区间为

$$\left[(\bar{X}-\bar{Y})-t_{\alpha/2}(f)\sqrt{\frac{S_1^2}{m}+\frac{S_2^2}{n}},(\bar{X}-\bar{Y})+t_{\alpha/2}(f)\sqrt{\frac{S_1^2}{m}+\frac{S_2^2}{n}}\right]$$

2. 两个正态总体方差比的置信区间

1）μ_1,μ_2 已知，σ_1^2/σ_2^2 的置信区间

当 μ_1,μ_2 已知时，由

$$\frac{\sum\limits_{i=1}^{m}(X_i-\mu_1)^2}{\sigma_1^2}=\chi_1^2 \sim \chi^2(m)，\frac{\sum\limits_{i=1}^{n}(Y_i-\mu_2)^2}{\sigma_2^2}=\chi_2^2 \sim \chi^2(n)$$

有

$$\frac{n\sum\limits_{i=1}^{m}(X_i-\mu_1)^2}{m\sum\limits_{i=1}^{n}(Y_i-\mu_2)^2}\cdot\frac{\sigma_2^2}{\sigma_1^2} \sim F(m,n)$$

仍采取等尾置信区间的方法，可得 σ_1^2/σ_2^2 的置信度为 $1-\alpha$ 的置信区间为

$$\left[\frac{n\sum\limits_{i=1}^{m}(X_i-\mu_1)^2}{m\sum\limits_{i=1}^{n}(Y_i-\mu_2)^2}\cdot\frac{1}{F_{\alpha/2}(m,n)},\frac{n\sum\limits_{i=1}^{m}(X_i-\mu_1)^2}{m\sum\limits_{i=1}^{n}(Y_i-\mu_2)^2}\cdot\frac{1}{F_{1-\alpha/2}(m,n)}\right]$$

2）μ_1,μ_2 未知，σ_1^2/σ_2^2 的置信区间

当 μ_1,μ_2 未知时，由

$$\frac{(m-1)S_1^2}{\sigma_1^2} \sim \chi^2(m-1), \frac{(n-1)S_2^2}{\sigma_2^2} \sim \chi^2(n-1)$$

有

$$\frac{S_1^2}{S_2^2} \cdot \frac{\sigma_2^2}{\sigma_1^2} \sim F(m-1, n-1)$$

从而得 σ_1^2/σ_2^2 的置信度为 $1-\alpha$ 的置信区间为

$$\left[\frac{S_1^2}{S_2^2} \cdot \frac{1}{F_{\alpha/2}(m-1, n-1)}, \frac{S_1^2}{S_2^2} \cdot \frac{1}{F_{1-\alpha/2}(m-1, n-1)} \right]$$

3.3.4 非正态总体参数的置信区间

前面讨论的区间估计都是在总体服从正态分布的情况下得到的,对于非正态总体,常用大样本进行近似估计,这里主要介绍 0-1 分布的参数 p 和指数分布的参数 λ 的区间估计.

1. 0-1 分布的参数 p 的置信区间

设 $X_1, \cdots, X_n$ 为来自 0-1 分布总体 $B(1, p)$ 的一个样本,求参数 p 的置信度为 $1-\alpha$ 的置信区间.

根据中心极限定理,有

$$\frac{\overline{X} - p}{\sqrt{p(1-p)/n}} \xrightarrow{L} N(0,1) \quad (n \to +\infty)$$

从而对充分大的 n,近似有

$$P\left\{ \left| \frac{\overline{X} - p}{\sqrt{p(1-p)/n}} \right| < u_{1-\alpha/2} \right\} = 1 - \alpha$$

将上式进行整理,得

$$P\left\{ (n + u_{1-\alpha/2}^2)p^2 - (2n\overline{X} + u_{1-\alpha/2}^2)p + n\overline{X}^2 < 0 \right\} = 1 - \alpha$$

记 $a = n + u_{1-\alpha/2}^2, b = -(2n\overline{X} + u_{1-\alpha/2}^2), c = n\overline{X}^2$,则上式变为

$$P\left\{ ap^2 + bp + c < 0 \right\} = 1 - \alpha$$

注意到 $a > 0$,于是有

$$P\left\{ \frac{1}{2a}\left(-b - \sqrt{b^2 - 4ac} \right) < p < \frac{1}{2a}\left(-b + \sqrt{b^2 - 4ac} \right) \right\} = 1 - \alpha$$

因此,参数 p 的置信度为 $1-\alpha$ 的置信区间为

$$\left[\frac{1}{2a}\left(-b - \sqrt{b^2 - 4ac} \right), \frac{1}{2a}\left(-b + \sqrt{b^2 - 4ac} \right) \right]$$

其中 $a = n + u_{1-\alpha/2}^2, b = -(2n\overline{X} + u_{1-\alpha/2}^2), c = n\overline{X}^2$.

2. 指数分布的参数 λ 的置信区间

设总体 X 服从参数为 $\lambda > 0$ 的指数分布,$X_1, X_2, \cdots, X_n$ 是来自 X 的样本,样本均值为 $\overline{X}$,做统计量 $T_n = n\overline{X}$,由 Γ 分布的相关性质可得统计量 $T_n = n\overline{X}$ 服从参数为 λ, n 的 Γ 分布,即

$$T_n \sim f(x) = \begin{cases} 0, & x < 0 \\ \dfrac{1}{(n-1)!} x^{n-1} \mathrm{e}^{-\lambda x}, & x \geq 0 \end{cases}$$

并且由该结论进一步可得统计量 $W_n = \lambda T_n$ 服从参数为 $1, n$ 的 Γ 分布,即

$$W_n \sim g(x) = \begin{cases} 0, & x < 0 \\ \dfrac{1}{(n-1)!} x^{n-1} \mathrm{e}^{-x}, & x \geq 0 \end{cases}$$

据此我们可求出参数 λ 的置信度为 $1-\alpha$ 的置信区间. 由以上分析可知,统计量 $W_n = \lambda n \overline{X}$ 服从参数为 $1, n$ 的 Γ 分布,对于给定的 $\alpha \in (0,1)$,由 W_n 的概率密度函数 $g(x)$ 可以求出 $g_{\alpha/2}(n)$ 和 $g_{1-\alpha/2}(n)$,使得

$$P\{g_{\alpha/2}(n) < \lambda n \overline{X} < g_{1-\alpha/2}(n)\} = 1 - \alpha$$

于是得到参数 λ 的置信度为 $1-\alpha$ 的置信区间为

$$\left(\frac{g_{\alpha/2}(n)}{n\overline{X}}, \frac{g_{1-\alpha/2}(n)}{n\overline{X}} \right)$$

3.3.5　单侧置信区间

定义 3.3.2　设总体 X 的分布函数为 $F(\bullet; \theta)$,θ 为未知参数且 $\theta \in \Theta$,$X_1, X_2, \cdots, X_n$ 为 X 的一个样本. 若对事先给定的 $\alpha (0 < \alpha < 1)$,有

$$P\{T_1(X_1, X_2, \cdots, X_n) < \theta < k_2\} = 1 - \alpha \quad (\theta \in \Theta)$$

其中 $T_1(X_1, X_2, \cdots, X_n)$ 为统计量,k_2 为常数或 $+\infty$,则称 $(T_1(X_1, X_2, \cdots, X_n), k_2)$ 为 θ 的置信度为 $1-\alpha$ 的**单侧置信区间**,并称 $T_1(X_1, X_2, \cdots, X_n)$ 为 θ 的置信度为 $1-\alpha$ 的单侧置信下限,简称为**单侧置信下限**.

类似地,如果有

$$P\{k_1 < \theta < T_2(X_1, X_2, \cdots, X_n)\} = 1 - \alpha \quad (\theta \in \Theta)$$

其中 $T_2(X_1, X_2, \cdots, X_n)$ 为统计量,k_1 为常数或 $-\infty$,则称 $(k_1, T_2(X_1, X_2, \cdots, X_n))$ 为 θ 的置信度为 $1-\alpha$ 的**单侧置信区间**,并称 $T_2(X_1, X_2, \cdots, X_n)$ 为 θ 的置信度为 $1-\alpha$ 的单侧置信上限,简称为**单侧置信上限**.

对于上述正态总体和非正态总体相关参数的单侧置信区间则不再一一列出,读者可依据双侧置信区间的分析方法自行给出.

3.4　贝叶斯估计

在统计学中有两个大的学派:频率学派(也称经典学派)和贝叶斯学派. 鉴于贝叶斯学派的独立性,这里仅对贝叶斯估计做简单的引入,更详细的内容则宜参考贝叶斯统计的专门文献.

设总体 $X \sim F(x;\theta)$, $\theta \in \Theta$,其中 $F(x;\theta)$ 形式已知,但参数未知.如果按照前述理论来寻找 θ 的点估计,则在获得样本之前,对 $\theta \in \Theta$ 之外的信息是一无所知的.然而,贝叶斯学派对此却有不同的观点,其核心要义可以概括如下.

1. 将未知参数 θ 看作随机变量

贝叶斯学派认为在获取样本前,人们对 θ 已有一定认识,并将这些认识称为"先验知识"或"先验信息".之所以会有这些"先验信息",可能来自某种理论,也可能来自处理同类问题时所积累的经验,甚至可能来自观察者的主观认识.因此,贝叶斯学派认为 θ 应被看作随机变量.假设 θ 的先验分布函数为 $H(\theta)$,对应的先验密度函数记为 $h(\theta)$ (通常将二者统称为先验分布),则 θ 的先验信息可用其先验分布来描述.

2. 设法确定 θ 的先验分布

贝叶斯学派认为,一方面,应将 θ 的先验分布 $H(\theta)$ 和来自总体 X 的样本 $(X_1, X_2, \cdots, X_n)$ 一样作为统计推断不可或缺的要素;另一方面,由于 θ 被看作一个随机变量,因此样本 $(X_1, X_2, \cdots, X_n)$ 的密度函数 $f(x_1, \cdots, x_n; \theta)$ 应被看作在 θ 给定条件下 $(X_1, X_2, \cdots, X_n)$ 的条件密度 $f(x_1, \cdots, x_n | \theta)$. 将 $f(x_1, \cdots, x_n | \theta)$ 与 θ 的先验密度 $h(\theta)$ 相结合便得到 $(X_1, X_2, \cdots, X_n, \theta)$ 的联合密度为

$$g(x_1, \cdots, x_n, \theta) = f(x_1, \cdots, x_n | \theta) h(\theta)$$

$(X_1, X_2, \cdots, X_n)$ 的无条件密度函数为

$$p(x_1, \cdots, x_n) = \int_{\Theta} g(x_1, \cdots, x_n, \theta) \mathrm{d}\theta$$
$$= \int_{\Theta} f(x_1, \cdots, x_n | \theta) h(\theta) \mathrm{d}\theta$$

在给定 $(X_1, X_2, \cdots, X_n)$ 的条件下, θ 的条件密度函数为

$$h(\theta | x_1, \cdots, x_n) = \frac{g(x_1, \cdots, x_n, \theta)}{p(x_1, \cdots, x_n)}$$
$$= \frac{f(x_1, \cdots, x_n | \theta) h(\theta)}{\int_{\Theta} f(x_1, \cdots, x_n | \theta) h(\theta) \mathrm{d}\theta} \quad (-\infty < x_1, \cdots, x_n < +\infty, \theta \in \Theta)$$

$h(\theta | x_1, \cdots, x_n)$ 称为 θ 的**后验密度函数**,相应的分布函数称为**后验分布函数**,记为 $H(\theta | x_1, \cdots, x_n)$.后验密度函数与后验分布函数统称为后验分布.

以上分析是假设 X 与 θ 均为连续型随机变量,而当 X 与 θ 都是离散型随机变量时,其贝叶斯公式为

$$P(\theta = \theta_i | X_1 = x_1, \cdots, X_n = x_n)$$
$$= \frac{P(X_1 = x_1, \cdots, X_n = x_n | \theta = \theta_i) P(\theta = \theta_i)}{\sum_{k=1}^{+\infty} P(X_1 = x_1, \cdots, X_n = x_n | \theta = \theta_k) P(\theta = \theta_k)}$$
$$(i = 1, 2, \cdots; x_j = x_{jl}; j = 1, 2, \cdots, n; l = 1, 2, \cdots)$$

当 X 是离散型随机变量,而 θ 是连续型随机变量时,其贝叶斯公式为

$$h(\theta \mid X_1 = x_1, \cdots, X_n = x_n)$$

$$= \frac{P(X_1 = x_1, \cdots, X_n = x_n \mid \theta) h(\theta)}{\int_{\Theta} P(X_1 = x_1, \cdots, X_n = x_n \mid \theta) h(\theta) \mathrm{d}\theta}$$

$$(\theta \in \Theta; x_j = x_{jl}; j = 1, 2, \cdots, n; l = 1, 2, \cdots)$$

类似地还可以写出当 X 是连续型随机变量而 θ 是离散型随机变量时的贝叶斯公式(留给读者完成).

在这个步骤中,如果没有以往的任何知识帮助确定先验分布,一般用均匀分布替代,即参数在其变化范围内取得各个值的概率均相同. 这种确定先验分布的原则也称为贝叶斯假设.

3. 获取样本以将 θ 的先验分布调整为后验分布

先验分布包含 θ 的一般信息,这种信息在获得样本之前就已经存在. 在抽取样本时,随机变量 θ 有一个当前值,样本中包含了 θ 当前的新信息. 贝叶斯学派认为,获得样本的本质作用在于把对 θ 的认识由先验信息调整为后验信息,这时后验信息是 θ 的先验信息和当前信息的集中反映. 完成这个调整过程的方法就是利用上述公式.

4. 基于后验分布对 θ 做统计推断

有了后验分布,就可以依据后验密度函数对 θ 做相应的统计推断.

下面通过一个例子来说明贝叶斯方法的应用要点.

例 3.4.1 考虑一个打靶的试验,显然可设总体 $X \sim b(1, \theta)$, $\theta \in (0, 1)$. 假如进行 n 次试验,于是可得 $X_1, \cdots, X_n$ 这样一个来自总体 X 的样本. 根据贝叶斯统计观点,应把 θ 看作随机变量,并确定 θ 的先验分布. 如果打靶命中率事先没有任何信息,这时可以采取"同等无知"的原则(即贝叶斯假设)假定 θ 服从 $(0, 1)$ 上的均匀分布,其密度函数为

$$h(\theta) = \begin{cases} 1, & 0 < \theta < 1 \\ 0, & 其他 \end{cases}$$

$X_1, \cdots, X_n$ 关于 θ 的条件分布律为

$$P(X_1 = x_1, \cdots, X_n = x_n \mid \theta) = \theta^{\sum\limits_{i=1}^{n} x_i} (1-\theta)^{n - \sum\limits_{i=1}^{n} x_i}$$
$$(x_i = 0, 1; i = 1, 2, \cdots, n)$$

$$P(X_1 = x_1, \cdots, X_n = x_n \mid \theta) h(\theta) = \theta^{\sum\limits_{i=1}^{n} x_i} (1-\theta)^{n - \sum\limits_{i=1}^{n} x_i}$$
$$(0 < \theta < 1; x_i = 0, 1; i = 1, 2, \cdots, n)$$

$$\int_0^1 P(X_1 = x_1, \cdots, X_n = x_n \mid \theta) h(\theta) \mathrm{d}\theta = \int_0^1 \theta^{\sum\limits_{i=1}^{n} x_i} (1-\theta)^{n - \sum\limits_{i=1}^{n} x_i} \mathrm{d}\theta$$

$$= \beta \left(\sum_{i=1}^{n} x_i + 1, n - \sum_{i=1}^{n} x_i + 1 \right)$$

θ 的后验密度为

$$h(\theta | X_1 = x_1, \cdots, X_n = x_n)$$

$$= \frac{P(X_1 = x_1, \cdots, X_n = x_n | \theta) h(\theta)}{\int_0^1 P(X_1 = x_1, \cdots, X_n = x_n | \theta) h(\theta) \mathrm{d}\theta}$$

$$= \frac{1}{\beta\left(\sum_{i=1}^n x_i + 1, n - \sum_{i=1}^n x_i + 1\right)} \theta^{\sum_{i=1}^n x_i} (1-\theta)^{n-\sum_{i=1}^n x_i} \quad (0 < \theta < 1)$$

获得 θ 的后验密度后,对于 θ 的统计推断就可基于这一点来展开. 如参数 θ 的估计,可利用 θ 的后验分布求数学期望得到:

$$\hat{\theta} = \int_0^1 \theta h(\theta | X_1 = x_1, \cdots, X_n = x_n)$$

$$= \frac{1}{n+2}\left(\sum_{i=1}^n x_i + 1\right)$$

即参数 θ 的贝叶斯估计量为

$$\frac{n\overline{X} + 1}{n + 2}$$

对于先验分布的选取、参数的估计和检验等贝叶斯估计的详细内容可以参见贝叶斯统计方面的专门教程.

习题 3

1. 设总体 X 的概率密度为 $f(x;\lambda;\alpha) = \begin{cases} \dfrac{\lambda^\alpha}{\Gamma(\alpha)} x^{\alpha-1} \mathrm{e}^{-\lambda x}, & x > 0 \\ 0, & \text{其他} \end{cases}$,其中 α 已知, $\lambda > 0$ 为未知参数, $X_1, \cdots, X_n$ 是取自总体 X 的样本,试求 λ 的矩估计量与极大似然估计量.

2. 设总体 X 的概率密度为 $f(x;\theta) = \begin{cases} 2\mathrm{e}^{-2(x-\theta)}, & x \geq \theta \\ 0, & x < \theta \end{cases}$,其中 $\theta > 0$ 是未知参数, $X_1, \cdots, X_n$ 是取自总体 X 的样本,试求 θ 的极大似然估计量,并讨论它是否具有无偏性.

3. 设总体 $X \sim N(\mu, \sigma^2)$, $X_1, \cdots, X_n$ 是取自总体 X 的样本,试选择适当的常数 C,使 $C\sum_{i=1}^{n-1}(X_{i+1} - X_i)^2$ 为 σ^2 的无偏估计.

4. 设总体 $X \sim U[0,\theta]$,其中 $\theta > 0$ 为未知参数, $X_1, \cdots, X_n$ 是取自总体 X 的样本,试证 $\hat{\theta}_2 = \dfrac{n+1}{n}\max_{1 \leq i \leq n} X_i$ 比 $\hat{\theta}_1 = 2\overline{X}$ 有效.

5. 设总体 $X \sim U(\theta, 2\theta)$,其中 $\theta > 0$ 为未知参数, $X_1, \cdots, X_n$ 是取自该总体的样本, $\overline{X}$ 为样本均值.

(1)证明 $\hat{\theta} = \dfrac{2}{3}\overline{X}$ 是参数 θ 的无偏估计和相合估计.

（2）求 θ 的极大似然估计，并确定其是否为无偏估计和相合估计.

6. 证明样本均值是泊松总体中未知参数 λ 的一致最小方差无偏估计量.

7. 设 $X_1,\cdots,X_n$ 是取自总体 X 的简单随机样本，X 具有概率密度函数 $f(x)=\begin{cases}\mathrm{e}^{-(x-\theta)}, & x>\theta \\ 0, & x\leqslant\theta\end{cases}$. 证明：可取 $X_{(1)}-\theta$ 作为求 θ 区间估计的枢轴量，其中 $X_{(1)}=\min(X_1,\cdots,X_n)$，并据此求出 θ 的置信度为 $1-\alpha$ 的置信区间下限.

8. 设 $X_1,\cdots,X_n$ 是来自 $U\left(\theta-\dfrac{1}{2},\theta+\dfrac{1}{2}\right)$ 的样本，求 θ 的置信度为 $1-\alpha$ 的置信区间.

9. 设总体 $X\sim N(\mu,\sigma^2)$，$X_1,\cdots,X_n$ 是取自总体 X 的样本，参数 μ 的先验分布为 $\mu\sim N(\tilde{\mu},\tilde{\sigma}^2)$，其中 $\tilde{\mu}$、σ^2、$\tilde{\sigma}^2$ 已知，试求参数 μ 的贝叶斯估计.

思考题

讨论参数估计在工程和经济、社会领域的应用.

第4章 假设检验

上一章已提到,假设检验是除参数估计之外统计推断的另一个基本问题.与参数估计不同,假设检验是对总体未知的分布函数形式或分布中的未知参数做出某种假设,然后根据所抽取样本提供的信息去验证该假设是否成立的过程.假设检验有参数假设检验和非参数假设检验之分,如果假设可用一个参数集表示,该假设检验问题就称为**参数假设检验**,否则称为**非参数假设检验**.本章将分别对参数检验和非参数检验问题进行分析.

4.1 参数假设检验的基本思想

假设检验的基本思想是带有概率性质的反证法的思想,即先给出一个假设,然后根据样本信息推断假设是否合理,合理就接受,不合理就拒绝,而合理与否的依据是"小概率事件在一次抽样中是几乎不可能发生的".所以,这种合理性是概率意义下的合理性,它依据给定的显著性水平 α 而变化.

定义 4.1.1 设 $(\mathscr{X},\mathscr{B},\mathscr{P})$ 为一统计结构,则 $\mathscr{P}$ 的非空子集称为假设.在参数分布族 $\mathscr{P}=\{P_\theta;\theta\in\Theta\}$ 时,Θ 的非空子集称为**假设**.

我们把要检验的假设记为 H_0(通常称为零假设或原假设),它是关于总体这一随机变量分布的一种看法,通常表示为 $\theta\in\Theta_0$,其中 Θ_0 是 Θ 的非空真子集.同时,将 $\theta\in\Theta-\Theta_0$ 称为备择假设或对立假设,记为 H_1.这样,一个假设检验问题就可以描述为

$$H_0:\theta\in\Theta_0, H_1:\theta\in\Theta_1$$

这里 H_0 是待检验的假设,H_1 是备择假设.

那么,怎样通过样本观测值对 H_0 进行检验呢?这就需要对"检验法"给出合理的定义.

定义 4.1.2 在检验问题 (H_0,H_1) 中,所谓检验法,就是设法把样本空间划分为互不相交的两个可测集,即

$$\mathscr{X}=W+\overline{W}$$

并做如下规定:

当观测值 $x\in W$ 时,就拒绝原假设 H_0,认为备择假设 H_1 成立;

当观测值 $x\notin W$(即 $x\in\overline{W}$)时,就不拒绝原假设 H_0.

这里的 W 称为检验的拒绝域.

为了确定拒绝域,往往根据问题的直观背景,寻找合适的统计量 $T(x)$,当 H_0 为真时,要是能由统计量 $T(x)$ 确定出拒绝域 W,这样的统计量 $T(x)$ 称为**检验统计量**.

原假设 H_0 在客观上只有两个结果,即真和假.样本观测值也只有两种选择,即 $x\in W$ 和 $x\notin W$.因此,若选择拒绝域为 W,则可能的情况有以下四种:

(1)H_0 为真,而 $x\in W$;

（2）H_0 为假,而 $x \in W$;

（3）H_0 为真,而 $x \notin W$;

（4）H_0 为假,而 $x \notin W$.

根据前述规定,在情形（1）、（2）拒绝 H_0 ,在情形（3）、（4）接受 H_0 .显然,（2）、（3）是我们所乐见的情形,（1）、（4）则与客观事实不符.但用样本来推断总体,实质上是用部分推断整体,这本身就决定了不可能保证绝对不犯错误.这里（1）是在原假设 H_0 正确的前提下拒绝了原假设,我们把这类错误称为**弃真错误**,也称为**第一类错误**;（4）是在原假设 H_0 本来不正确的情况下却没有拒绝原假设,我们把这类错误称为**取伪错误**,也称为**第二类错误**.

当然,我们希望犯两类错误的概率越小越好.但进一步的分析表明,当样本容量 n 固定时,不可能把犯两类错误的概率同时减得很小.要使两者都很小,只有通过增大样本容量 n 才能实现.但样本容量不可能没有限制,否则就会使抽样调查失去意义,因此在假设检验中就有一个对两类错误进行控制的问题.

一般来说,哪一类错误所带来的后果更严重,就把哪一类错误作为首要控制目标.但在假设检验中,一般遵循优先控制第一类错误的原则.这种原则确立的依据是原假设和备择假设的定位不同.前面已经提到,假设检验是一种具有概率性质的反证法.这就需要"找出矛盾"才能得出"拒论 H_0"的结论.如果"找不出矛盾",就不能"拒绝 H_0",但也不能肯定 H_0 一定成立,即 H_0 和 H_1 不是对称的,二者不能随意交换.由于人们更关心的是在 H_0 为真的情况下拒绝它的可能性有多大,而这正是第一类错误,这就是为什么优先控制第一类错误的原因.习惯上,将犯第一类错误的最大概率称为假设检验的**显著性水平**.在实际应用中,具体的做法往往是对给定的小正数 α ,从显著性检验水平不超过 α 的所有拒绝域中选择犯第二类错误的可能性尽可能小的拒绝域.

下面我们首先简要回顾初等数理统计中关于假设检验的一些主要结论,然后给出更具一般性的似然比检验法.

4.2　单个正态总体的参数假设检验

假定总体 $X \sim N(\mu, \sigma^2)$, $X_1, X_2, \cdots, X_n$ 为 X 的一个样本, $x_1, x_2, \cdots, x_n$ 为其样本观测值, $\bar{X} = \dfrac{1}{n}\sum_{i=1}^{n} X_i$ 为其样本均值, $S^2 = \dfrac{1}{n-1}\sum_{i=1}^{n}(X_i - \bar{X})^2$ 为其样本方差.

4.2.1　总体均值的假设检验

1. σ^2 已知时,均值 μ 的假设检验

考虑均值 μ 的双侧假设检验问题.

首先,确定原假设与备择假设:

$$H_0 : \mu = \mu_0 ; H_1 : \mu \neq \mu_0$$

其次,确定检验统计量. 由于原假设成立时,有

$$\frac{\overline{X} - \mu_0}{\sigma / \sqrt{n}} = U \sim N(0, 1)$$

因此可确定检验统计量 u. 当原假设成立时,$\overline{X}$ 与 μ_0 比较接近,相应的 U 值会比较小,所以当 $U > C$ 或 $U < D$(C, D 为某个常数)时我们有理由怀疑原假设的正确性,并当 C 充分大或 D 充分小时,在选定的显著性水平下拒绝原假设.

再次,给定显著性水平 α,确定拒绝域. 于是有

$$P\left\{ \left| \frac{\overline{X} - \mu_0}{\sigma / \sqrt{n}} \right| > c \right\} = \alpha$$

取 $U = \dfrac{\overline{X} - \mu_0}{\sigma / \sqrt{n}}$,类似于区间估计所采用的等尾置信区间方法,在分布曲线的两侧各取 $\alpha/2$,并由分位点的定义确定 $c = u_{\alpha/2}$,从而得到这个双侧检验问题的拒绝域 $W = \left\{ |U| > u_{\alpha/2} \right\}$.

最后,根据样本观测值计算 u 的值,并确定是否落入了拒绝域中,从而做出拒绝原假设还是接受原假设的判断.

与双侧检验类似,对于单侧检验问题有如下结论.

右侧检验:

$$H_0 : \mu \leqslant \mu_0; \ H_1 : \mu > \mu_0$$

选择的检验统计量为 $U = \dfrac{\overline{X} - \mu_0}{\sigma / \sqrt{n}}$,当原假设成立时,$U$ 的值较小,所以要拒绝原假设,U 的值会比较大,所以拒绝域 $W = \{ U > u_\alpha \}$.

左侧检验:

$$H_0 : \mu \geqslant \mu_0; \ H_1 : \mu < \mu_0$$

与右侧检验类似,可确定其拒绝域 $W = \{ U < -u_\alpha \}$.

由于所用的检验统计量是 U 统计量,因此这个检验问题又可称为 U 检验.

2. σ^2 未知时,大样本下均值 μ 的假设检验

当 σ^2 未知且样本量较大时,σ^2 可直接用样本方差 S^2 代替,选择的检验统计量为 $U = \dfrac{\overline{X} - \mu_0}{S / \sqrt{n}}$,在原假设成立的条件下,有

$$\frac{\overline{X} - \mu_0}{S / \sqrt{n}} \sim N(0, 1)$$

重复上述假设检验的步骤,可得到在双侧检验问题中均值 μ 的拒绝域 $W = \left\{ |U| > u_{\alpha/2} \right\}$,右侧检验问题的拒绝域 $W = \{ U > u_\alpha \}$,左侧检验问题的拒绝域 $W = \{ U < -u_\alpha \}$.

3. σ^2 未知时,小样本下均值 μ 的假设检验

当 σ^2 未知且样本量较小时,我们选择的检验统计量为 $T = \dfrac{\overline{X} - \mu_0}{S / \sqrt{n}}$,其中 S 为样本标准

差,在原假设成立的条件下,有

$$\frac{\bar{X} - \mu_0}{S/\sqrt{n}} \sim t(n-1)$$

重复上述步骤可得到三种假设的拒绝域分别是 $W = \left\{ |T| > t_{\alpha/2}(n-1) \right\}$, $W = \left\{ T > t_\alpha(n-1) \right\}$, $W = \left\{ T < -t_\alpha(n-1) \right\}$.

4.2.2 总体方差的假设检验

这里讨论以下三种检验形式:

（1）$H_0 : \sigma^2 = \sigma_0^2$ vs $H_1 : \sigma^2 \neq \sigma_0^2$;

（2）$H_0 : \sigma^2 \leqslant \sigma_0^2$ vs $H_1 : \sigma^2 > \sigma_0^2$;

（3）$H_0 : \sigma^2 \geqslant \sigma_0^2$ vs $H_1 : \sigma^2 < \sigma_0^2$.

1. μ 已知,σ^2 的假设检验

当 μ 已知时,对 σ^2 的假设检验可选择检验统计量 $\chi^2 = \dfrac{\sum\limits_{i=1}^{n} (X_i - \mu)^2}{\sigma_0^2}$,在原假设成立的条件下,有

$$\frac{\sum\limits_{i=1}^{n} (X_i - \mu)^2}{\sigma_0^2} \sim \chi^2(n)$$

当原假设成立时, σ^2 与 σ_0^2 的值很接近,因此 χ^2 很接近于 1,而如果 χ^2 太大或太小,考虑拒绝原假设,在显著性水平为 α 的情况下,可得拒绝域为

$$W = \left\{ \chi^2 > \chi_{\alpha/2}^2(n) \ \text{或} \ \chi^2 < \chi_{1-\alpha/2}^2(n) \right\}$$

其他两种单侧检验的拒绝域分别为 $W = \left\{ \chi^2 > \chi_\alpha^2(n) \right\}$, $W = \left\{ \chi^2 < \chi_{1-\alpha}^2(n) \right\}$.

2. μ 未知,σ^2 的假设检验

当 μ 未知时,选择统计量 $\chi^2 = \dfrac{(n-1)S^2}{\sigma_0^2}$,在原假设成立的条件下,有

$$\frac{(n-1)S^2}{\sigma_0^2} \sim \chi^2(n-1)$$

重复上述步骤,可以得到上述三种检验的拒绝域分别为 $W = \left\{ \chi^2 > \chi_{\alpha/2}^2(n-1) \ \text{或} \ \chi^2 < \chi_{1-\alpha/2}^2(n-1) \right\}$, $W = \left\{ \chi^2 > \chi_\alpha^2(n-1) \right\}$, $W = \left\{ \chi^2 < \chi_{1-\alpha}^2(n-1) \right\}$.

4.3 两个正态总体的参数假设检验

假定总体 $X \sim N(\mu_1, \sigma_1^2)$, $Y \sim N(\mu_2, \sigma_2^2)$, $X_1, X_2, \cdots, X_{n_1}$ 为 X 的一个样本, $Y_1, Y_2, \cdots, Y_{n_2}$ 为 Y 的一个样本, $x_1, x_2, \cdots, x_{n_1}$ 为 X 的样本观测值, $y_1, y_2, \cdots, y_{n_2}$ 为 Y 的样本观测值, $\bar{X} = \dfrac{1}{n_1} \sum\limits_{i=1}^{n_1} X_i$ 为

X 的样本均值, $\bar{Y} = \dfrac{1}{n_2} \sum\limits_{i=1}^{n_2} Y_i$ 为 Y 的样本均值, $S_1^2 = \dfrac{1}{n_1-1} \sum\limits_{i=1}^{n_1} \left(X_i - \bar{X} \right)^2$ 和 $S_2^2 = \dfrac{1}{n_2-1} \sum\limits_{i=1}^{n_2} \left(Y_i - \bar{Y} \right)^2$

分别为 X 和 Y 的样本方差,选择的显著性水平为 α .

4.3.1　总体均值之差的假设检验(独立样本)

这里讨论以下三种检验形式:

(1) $H_0 : \mu_1 - \mu_2 = 0$ 　　vs 　　$H_1 : \mu_1 - \mu_2 \neq 0$;

(2) $H_0 : \mu_1 - \mu_2 \leqslant 0$ 　　vs 　　$H_1 : \mu_1 - \mu_2 > 0$;

(3) $H_0 : \mu_1 - \mu_2 \geqslant 0$ 　　vs 　　$H_1 : \mu_1 - \mu_2 < 0$.

1. σ_1^2 , σ_2^2 已知, $\mu_1 - \mu_2$ 的假设检验

当 σ_1^2 , σ_2^2 已知时,可以选择检验统计量为 $\dfrac{(\bar{X}-\bar{Y})-(\mu_1-\mu_2)}{\sqrt{\dfrac{\sigma_1^2}{n_1}+\dfrac{\sigma_2^2}{n_2}}}$,当原假设成立时,统计量

即 $\dfrac{\bar{X}-\bar{Y}}{\sqrt{\dfrac{\sigma_1^2}{n_1}+\dfrac{\sigma_2^2}{n_2}}}$,并有 $\dfrac{\bar{X}-\bar{Y}}{\sqrt{\dfrac{\sigma_1^2}{n_1}+\dfrac{\sigma_2^2}{n_2}}} \sim N(0,1)$,记 $U = \dfrac{\bar{X}-\bar{Y}}{\sqrt{\dfrac{\sigma_1^2}{n_1}+\dfrac{\sigma_2^2}{n_2}}}$,重复上述步骤,并在显著性水平

为 α 的情况下,得到拒绝域为

$$W = \left\{ |U| > u_{\alpha/2} \right\}$$

同样,可知其他两种检验的拒绝域分别为 $W = \left\{ U > u_\alpha \right\}$, $W = \left\{ U < -u_\alpha \right\}$.

2. σ_1^2 , σ_2^2 未知,大样本下 $\mu_1 - \mu_2$ 的假设检验

当大样本情况下 σ_1^2 , σ_2^2 未知时,可以直接用其样本方差 S_1^2 , S_2^2 来代替 σ_1^2 , σ_2^2 ,可以选择

检验统计量 $U = \dfrac{(\bar{X}-\bar{Y})-(\mu_1-\mu_2)}{\sqrt{\dfrac{S_1^2}{n_1}+\dfrac{S_2^2}{n_2}}}$,在原假设成立的条件下,有

$$\dfrac{\bar{X}-\bar{Y}}{\sqrt{\dfrac{S_1^2}{n_1}+\dfrac{S_2^2}{n_2}}} \sim N(0,1)$$

与上述方法类似,在显著性水平为 α 的情况下,可以得到三种检验的拒绝域分别为

$W = \left\{ |U| > u_{\alpha/2} \right\}$, $W = \left\{ U > u_\alpha \right\}$, $W = \left\{ U < -u_\alpha \right\}$.

3. σ_1^2 , σ_2^2 未知且相等,小样本下 $\mu_1 - \mu_2$ 的假设检验

当 $\sigma_1^2 = \sigma_2^2 = \sigma^2$ 未知时,选择检验统计量 $T = \dfrac{(\bar{X}-\bar{Y})-(\mu_1-\mu_2)}{S_w \sqrt{\dfrac{1}{n_1}+\dfrac{1}{n_2}}}$,当原假设成立时,

$T = \dfrac{\bar{X}-\bar{Y}}{S_w \sqrt{\dfrac{1}{n_1}+\dfrac{1}{n_2}}}$,并有

$$\frac{\bar{X}-\bar{Y}}{S_{\mathrm{w}}\sqrt{\dfrac{1}{n_1}+\dfrac{1}{n_2}}} \sim t(n_1+n_2-2)$$

其中 $S_{\mathrm{w}}=\sqrt{\dfrac{(n_1-1)S_1^2+(n_2-1)S_2^2}{n_1+n_2-2}}$.

重复上述步骤，在显著性水平为 α 的情况下，三种检验的拒绝域分别为
$W=\left\{|T|>t_{\alpha/2}(n_1+n_2-2)\right\}$，$W=\left\{T>t_\alpha(n_1+n_2-2)\right\}$，$W=\left\{T<-t_\alpha(n_1+n_2-2)\right\}$.

4. σ_1^2,σ_2^2 未知且不相等，小样本下 $\mu_1-\mu_2$ 的假设检验

当 σ_1^2,σ_2^2 未知且不相等时，选择检验统计量 $T=\dfrac{(\bar{X}-\bar{Y})-(\mu_1-\mu_2)}{\sqrt{\dfrac{S_1^2}{n_1}+\dfrac{S_2^2}{n_2}}}$，在原假设成立的条

件下，有

$$\frac{\bar{X}-\bar{Y}}{\sqrt{\dfrac{S_1^2}{n_1}+\dfrac{S_2^2}{n_2}}} \sim t(f)$$

其中自由度 $f=\dfrac{\left(\dfrac{S_1^2}{n_1}+\dfrac{S_2^2}{n_2}\right)^2}{\dfrac{(S_1^2/n_1)^2}{n_1-1}+\dfrac{(S_2^2/n_2)^2}{n_2-1}}$.

重复上述步骤，在显著性水平为 α 的情况下，三种检验的拒绝域分别为
$W=\left\{|T|>t_{\alpha/2}(f)\right\}$，$W=\left\{T>t_\alpha(f)\right\}$，$W=\left\{T<-t_\alpha(f)\right\}$.

4.3.2　总体均值之差的假设检验（匹配样本）

一般设有 n 对相互独立的观测结果 $(X_1,Y_1),\cdots,(X_n,Y_n)$，令 $D_1=X_1-Y_1,\cdots,D_n=X_n-Y_n$，则 $D_1,\cdots,D_n$ 相互独立. 又设 $D_i \sim N(\mu_D,\sigma_D^2)$，$i=1,\cdots,n$，记 $D_1,\cdots,D_n$ 的样本均值和样本方差分别为 $\bar{D},S_D^2$，建立如下三种假设问题：

（1）$H_0:\mu_D=0$　　　vs　　　$H_1:\mu_D\neq 0$；

（2）$H_0:\mu_D\leqslant 0$　　　vs　　　$H_1:\mu_D>0$；

（3）$H_0:\mu_D\geqslant 0$　　　vs　　　$H_1:\mu_D<0$.

选择检验统计量为

$$T=\frac{\bar{D}}{S_D/\sqrt{n}}$$

给定显著性水平 α，由单个正态总体 σ^2 未知时的 t 检验，我们可以得到以上三种检验的拒绝域分别为 $W=\left\{|T|\geqslant t_{\alpha/2}(n-1)\right\}$，$W=\left\{T\geqslant t_\alpha(n-1)\right\}$，$W=\left\{T\leqslant -t_\alpha(n-1)\right\}$.

4.3.3 总体方差之比的假设检验

这里讨论以下三种检验形式:

(1) $H_0 : \sigma_1^2 = \sigma_2^2$ vs $H_1 : \sigma_1^2 \neq \sigma_2^2$;

(2) $H_0 : \sigma_1^2 \leqslant \sigma_2^2$ vs $H_1 : \sigma_1^2 > \sigma_2^2$;

(3) $H_0 : \sigma_1^2 \geqslant \sigma_2^2$ vs $H_1 : \sigma_1^2 < \sigma_2^2$.

以上三种检验形式等价于:

(1) $H_0 : \sigma_1^2 / \sigma_2^2 = 1$ vs $H_1 : \sigma_1^2 / \sigma_2^2 \neq 1$;

(2) $H_0 : \sigma_1^2 / \sigma_2^2 \leqslant 1$ vs $H_1 : \sigma_1^2 / \sigma_2^2 > 1$;

(3) $H_0 : \sigma_1^2 / \sigma_2^2 \geqslant 1$ vs $H_1 : \sigma_1^2 / \sigma_2^2 < 1$.

1. 当 μ_1, μ_2 已知时, σ_1^2 / σ_2^2 的假设检验

当 μ_1, μ_2 已知时,选择检验统计量 $F = \dfrac{n_2 \sum\limits_{i=1}^{n_1}(X_i - \mu_1)^2}{n_1 \sum\limits_{i=1}^{n_2}(Y_i - \mu_2)^2} \cdot \dfrac{\sigma_2^2}{\sigma_1^2}$,当原假设成立时,有

$$\frac{n_2 \sum\limits_{i=1}^{n_1}(X_i - \mu_1)^2}{n_1 \sum\limits_{i=1}^{n_2}(Y_i - \mu_2)^2} \sim F(n_1, n_2)$$

于是可以得到三种检验的拒绝域分别为 $W = \left\{ F > F_{\alpha/2}(n_1, n_2) \text{或} F < F_{1-\alpha/2}(n_1, n_2) \right\}$, $W = \left\{ F > F_{\alpha}(n_1, n_2) \right\}$, $W = \left\{ F < F_{1-\alpha}(n_1, n_2) \right\}$.

2. 当 μ_1, μ_2 未知时, σ_1^2 / σ_2^2 的假设检验

当 μ_1, μ_2 未知时,选择检验统计量 $F = \dfrac{S_1^2}{S_2^2} \cdot \dfrac{\sigma_2^2}{\sigma_1^2}$,当原假设成立时,有

$$\frac{S_1^2}{S_2^2} \sim F(n_1 - 1, n_2 - 1)$$

于是可以得到三种检验的拒绝域分别为 $W = \left\{ F > F_{\alpha/2}(n_1 - 1, n_2 - 1) \text{或} F < F_{1-\alpha/2}(n_1 - 1, n_2 - 1) \right\}$, $W = \left\{ F > F_{\alpha}(n_1 - 1, n_2 - 1) \right\}$, $W = \left\{ F < F_{1-\alpha}(n_1 - 1, n_2 - 1) \right\}$.

4.3.4 假设检验与置信区间的关系

上述讨论所用到的检验统计量与区间估计中所用的枢轴量是相似的. 这并非偶然,两者之间确实有着密切的关系.

设 $X_1, \cdots, X_n$ 是来自总体 $X \sim N(\mu, \sigma^2)$ 的样本,现以 σ 未知情形下均值 μ 的检验问题为例来说明上述二者之间的关系. 考虑双侧检验问题:

$$H_0 : \mu = \mu_0 \,;\, H_1 : \mu \neq \mu_0$$

则在显著性水平为 α 的情况下,检验的接受域为

$$\bar{W} = \left\{ \bar{X} - \frac{S}{\sqrt{n}} t_{\alpha/2}(n-1) \leqslant \mu_0 \leqslant \bar{X} + \frac{S}{\sqrt{n}} t_{\alpha/2}(n-1) \right\}$$

并且有 $P_{\mu_0}(\bar{W}) = 1 - \alpha$,而 μ 的置信度为 $1-\alpha$ 的置信区间为 $\bar{X} \pm \frac{S}{\sqrt{n}} t_{\alpha/2}(n-1)$.反之,如果有一个 μ 的置信度为 $1-\alpha$ 的置信区间,也可以得到关于 $H_0 : \mu = \mu_0$ 的显著性水平为 α 的假设检验.所以,"正态均值 μ 的置信度为 $1-\alpha$ 的置信区间"与"显著性水平 α 下 $H_0 : \mu = \mu_0$ 的双侧假设检验问题"是一一对应的;类似地,"参数 μ 的 $1-\alpha$ 置信上限"与"显著性水平 α 下 $H_0 : \mu \leqslant \mu_0$ 的单侧假设检验问题"是一一对应的;"参数 μ 的 $1-\alpha$ 置信下限"与"显著性水平 α 下 $H_0 : \mu \geqslant \mu_0$ 的单侧假设检验问题"是一一对应的.所以,可粗略地说,区间估计中的置信区间与假设检验中的接受域相对应.

4.4　非正态总体的参数假设检验

以上讨论的是正态总体的假设检验问题,下面以 0-1 总体为例,讨论非正态总体的参数假设检验问题.

4.4.1　0–1 分布参数 p 的假设检验

0-1 分布中的参数 p 往往被看作事件发生的概率,假如做 n 次独立试验,以 X 表示事件发生的次数,则 $X \sim b(n, p)$.所以,可根据 X 检验关于 p 的一些假设.

1. $H_0 : p \leqslant p_0 \,;\, H_1 : p > p_0$

当原假设成立时,p 的值会比较接近于 p_0 并且比 p_0 要小一些,因此 p 的值太大时可考虑拒绝原假设.于是直观上看,拒绝域可以表示为 $W = \{x \geqslant c\}$,考虑到 X 只取整数值,故 c 也可限制在非负整数中.一般情况下,对给定的 α,不一定能正好取到一个正整数 c 使下式成立:

$$P(x \geqslant c) = \sum_{x=c}^{n} \binom{n}{x} p_0^x (1-p_0)^{n-x} = \alpha$$

一个常见的做法是找一个 c_0,使得

$$\sum_{x=c_0+1}^{n} \binom{n}{x} p_0^x (1-p_0)^{n-x} < \sum_{x=c_0}^{n} \binom{n}{x} p_0^x (1-p_0)^{n-x} < \alpha < \sum_{x=c_0-1}^{n} \binom{n}{x} p_0^x (1-p_0)^{n-x}$$

2. $H_0 : p \geqslant p_0 \,;\, H_1 : p < p_0$

检验的拒绝域为 $W = \{x \leqslant c\}$,其中 c 必须满足下式:

$$\sum_{x=0}^{c-1} \binom{n}{x} p_0^x (1-p_0)^{n-x} < \sum_{x=0}^{c} \binom{n}{x} p_0^x (1-p_0)^{n-x} < \alpha < \sum_{x=0}^{c+1} \binom{n}{x} p_0^x (1-p_0)^{n-x}$$

3. $H_0: p = p_0$; $H_1: p \neq p_0$

检验的拒绝域为 $W = \{x \leq c_1 或 x \geq c_2\}$,其中 c_1 必须满足下式:

$$\sum_{x=0}^{c_1} \binom{n}{x} p_0^x (1-p_0)^{n-x} < \frac{\alpha}{2} < \sum_{x=0}^{c_1+1} \binom{n}{x} p_0^x (1-p_0)^{n-x}$$

c_2 必须满足下式:

$$\sum_{x=c_2}^{n} \binom{n}{x} p_0^x (1-p_0)^{n-x} < \frac{\alpha}{2} < \sum_{x=c_2-1}^{n} \binom{n}{x} p_0^x (1-p_0)^{n-x}$$

4.4.2　大样本检验

在 0-1 分布参数 p 的假设检验问题中,临界值的确定往往比较烦琐,在大样本情况下,可以采用近似的检验方法——大样本检验.

对 0-1 分布 $b(1,p)$,其方差 $p(1-p)$ 是均值 p 的函数,设 $X_1, \cdots, X_n$ 为来自该总体的样本,在样本量充分大时,有

$$\frac{\bar{X} - p}{\sqrt{p(1-p)/n}} \sim N(0,1)$$

故可选择检验统计量

$$U = \frac{\bar{X} - p_0}{\sqrt{p_0(1-p_0)/n}}$$

来近似地确定拒绝域.

因此,对于如下的三种检验问题:

（1）$H_0: p \leq p_0$　　vs　　$H_1: p > p_0$;

（2）$H_0: p \geq p_0$　　vs　　$H_1: p < p_0$;

（3）$H_0: p = p_0$　　vs　　$H_1: p \neq p_0$.

可得它们的拒绝域分别为 $W = \{u \geq u_\alpha\}$, $W = \{u \leq -u_\alpha\}$, $W = \{|u| \geq u_{\alpha/2}\}$.

大样本检验是精确分布检验的近似,由于往往不能确定二者之间的差异有多大,因此大样本检验是不得已才采用的方法. 只要有基于精确分布的方法,一般总是首先考虑精确分布.

4.5　非参数假设检验

在参数假设检验问题中,总是假设总体分布已知,具体操作是对参数进行假设检验.但在许多实际问题中,常常事先并不知道总体的分布类型,这就要根据抽取的样本所提供的信息,对总体分布的各种假设进行检验,并称这种检验为非参数假设检验. 在这类问题中,一个重要的类型是根据样本来判断总体是否服从某种指定的分布.其一般性提法是在给定的显著性水平 α 下,对假设

$$H_0 : F(x) = F_0(x)\ ; H_1 : F(x) \neq F_0(x)$$

做显著性检验. 其中, $F_0(x)$ 为某种已知的、具有明确表达式的分布函数. 这种假设检验通常称为分布的拟合优度检验, 简称分布拟合检验, 它是非参数假设检验中的一个重要类型. 这里我们简要介绍 K.Pearson 的 χ^2 拟合检验法、柯尔莫哥洛夫和斯米尔诺夫检验法的基本原理.

4.5.1　K.Pearson 的 χ^2 拟合检验法

设总体 X 的分布函数 $F(x)$ 未知, $F_0(x)$ 为某给定的分布函数, $X_1, X_2, \cdots, X_n$ 是来自总体 X 的样本. 现在的问题是如何根据所抽取的样本检验假设

$$H_0 : F(x) = F_0(x)\ ; H_1 : F(x) \neq F_0(x) \tag{4.1}$$

注意, 这里只有一个原假设, 而没有备择假设, 原因是 H_0 不成立, 即总体的分布函数不是所推测的 $F_0(x)$ 时, 总体的分布到底是何分布无法限定, 因此推断的结果只能是不接受 H_0.

χ^2 检验的基本思想是把随机试验结果的全体 Ω 分成 k 个互不相容的事件 $A_1, A_2, \cdots, A_k$, 即 $A_i A_j = \varnothing\ (i \neq j\ ; i, j = 1, 2, \cdots, k)$, 且 $\bigcup\limits_{j=1}^{k} A_j = \Omega$. 于是在假设 H_0 下, 就可以计算事件 A_i 发生的概率 $p_i = P\{A_i\}\ (i = 1, 2, \cdots, k)$. 同时, 由试验结果又可计算事件 A_i 发生的频率 $f_i = \dfrac{v_i}{n}$ $(i = 1, 2, \cdots, k)$, 其中 v_i 表示事件 A_i 在 n 次试验中发生的次数. 显然, 频率 f_i 是概率 p_i 的良好估计. 所以, 当 H_0 成立时, p_i 与 f_i 差异应该不会太大, 否则就要怀疑 H_0 的正确性. 基于这种想法, 英国统计学家 K.Pearson 构造出反映这种差异的统计量, 即

$$\chi^2 = \sum_{i=1}^{k} \frac{(v_i - np_i)^2}{np_i} \tag{4.2}$$

并证明了如下定理.

定理 4.5.1　若样本容量 n 充分大 ($n \geqslant 50$), 则无论总体服从何分布, 式 (4.2) 中的随机变量 χ^2 总是近似地服从自由度为 $k - \gamma - 1$ 的 χ^2 分布, 其中 γ 是 $F_0(x)$ 中待估计的参数的个数.

该定理的详细证明可参阅 Fisher 所著的《概率论及数理统计》(上海科学出版社, 1962).

检验假设 H_0 的方法如下.

(1) 把实轴 $(-\infty, +\infty)$ 分成 k 个互不相交的区间 $(a_i, a_{i+1}]\ (i = 1, 2, \cdots, k)$, 其中 a_1 和 a_{k+1} 可分别取 $-\infty$ 和 $+\infty$, 区间的划分方法应视具体情况而定.

(2) 计算概率

$$p_i = F_0(a_{i+1}) - F_0(a_i) = P\{a_i < X \leqslant a_{i+1}\} \qquad (i = 1, 2, \cdots, k)$$

并计算 np_i, 称为理论频数.

(3) 计算样本观测值 $x_1, x_2, \cdots, x_n$ 落在区间 $(a_i, a_{i+1}]$ 中的个数 $f_i\ (i = 1, 2, \cdots, k)$, 称为实际

频数.

（4）由式（4.2）计算 χ^2 的值.

（5）对于给定的显著性水平 α，查 χ^2 分布表可得临界值 $\chi^2_{1-\alpha}(k-\gamma-1)$.

（6）做出推断，若 $\chi^2 > \chi^2_{1-\alpha}(k-\gamma-1)$，则拒绝 H_0，否则就接受 H_0.

χ^2 检验是在极限意义下获得的，所以在使用时样本容量 n 必须足够大，同时还要求 np_i 不能太小. 否则，应适当合并当初所划分的区间，使 np_i 满足上述要求.

4.5.2 柯尔莫哥洛夫和斯米尔诺夫检验法

1. 柯尔莫哥洛夫检验法

上面介绍的 K.Pearson 的 χ^2 拟合检验法通过划分区间的方法来考虑 $F_n(x)$ 与 $F(x)$ 的偏差，即通过比较样本频率 $f_i = \dfrac{v_i}{n}$ 与理论概率 $\hat{p}_i = F_0(a_i) - F_0(a_{i-1})$ 来得到. 尽管这种方法具有对于离散型和连续型总体都适用的优点，但由于其依赖于区间划分，实际上只是检验了 $p_i = F(a_i) - F(a_{i-1})$ 和 $\hat{p}_i = F_0(a_i) - F_0(a_{i-1})$（$i=1,2,\cdots,k$）是否相等的问题，并没有真正检验总体分布函数 $F(x)$ 与 $F_0(x)$ 是否相等. 柯尔莫哥洛夫提出的检验法不在划分区间上考虑 $F(x)$ 与 $F_0(x)$ 之间的偏差，而是在每一个点上来考察，所以它克服了 χ^2 拟合检验法的缺点. 但由于该检验法只适用于连续型总体的情形，所以其应用范畴相对受限. 下面介绍这一检验法的基本原理.

设总体 X 的分布函数为 $F(x)$，$F(x)$ 是 x 的连续函数. $X_1, X_2, \cdots, X_n$ 是来自 X 的样本. 设要检验的原假设是 $H_0: F(x) = F_0(x)$，这里 $F_0(x)$ 是一个已知的连续分布函数，且不含任何未知参数.

要进行假设检验，首先要构造检验统计量，这里构造检验统计量的思路是从样本的经验分布函数入手. 根据格里汶科定理，当 n 充分大时，样本经验分布函数 $F_n(x)$ 一致收敛于总体分布 $F(x)$，所以二者之间的偏差不应该太大. 柯尔莫哥洛夫用 $F_n(x)$ 与 $F(x)$ 之间偏差的最大值构造检验统计量，即

$$D_n = \sup_{-\infty < x < +\infty} \left| F_n(x) - F(x) \right|$$

并得到了该统计量的精确分布和极限分布.

当 $H_0: F(x) = F_0(x)$ 为真并且 n 充分大时，$D_n = \sup\limits_{-\infty < x < +\infty} \left| F_n(x) - F(x) \right|$ 的值一般应该较小，若 D_n 的值较大，则应该拒绝 H_0. 于是，对给定的显著性水平 α，有

$$P(D_n \geqslant D_{n,\alpha} \mid H_0 为真) = \alpha$$

这里的 $D_{n,\alpha}$ 是一个适当大的正数，要确定 $D_{n,\alpha}$，就要用到柯尔莫哥洛夫定理.

定理 4.5.2 设总体 X 的分布函数为 $F(x)$，$F(x)$ 是 x 的连续函数，$X_1, X_2, \cdots, X_n$ 是来自 X 的样本，则在原假设 $H_0: F(x) = F_0(x)$ 为真时，有

$$\lim_{n \to +\infty} P(\sqrt{n} D_n < \lambda) = K(\lambda) = \begin{cases} \sum_{j=-\infty}^{+\infty} (-1)^j \exp(-2j^2\lambda^2), & \lambda > 0 \\ 0, & \lambda \le 0 \end{cases} \tag{4.3}$$

该定理给出了最大距离 D_n 的渐近分布 $K(\lambda)$. 由于对原假设 H_0 做检验时的拒绝域为 $W = \{D_n \ge D_{n,\alpha}\}$,故对给定的显著性水平 α($0 < \alpha < 1$),可用定理给出 D_n 的上 α 分位数 $D_{n,\alpha}$,使

$$P(D_n \ge D_{n,\alpha}) = \alpha$$

其中 $D_{n,\alpha} = \lambda / \sqrt{n}$.

2. 斯米尔诺夫检验法

斯米尔诺夫检验法主要用于检验两个总体的真分布是否相同.其检验的思想方法与柯尔莫哥洛夫检验类似.

设 $X_1, X_2, \cdots, X_n$ 是来自具有连续分布函数 $F(x)$ 的总体 X 的样本,设 $Y_1, Y_2, \cdots, Y_m$ 是来自具有连续分布函数 $G(x)$ 的总体 Y 的样本,且假定两个样本相互独立.

欲检验假设:

$$H_0: F(x) = G(x); \quad H_1: F(x) \ne G(x)$$

构造检验统计量为

$$D_{n,m} = \sup_{-\infty < x < +\infty} |F_n(x) - G_m(x)|$$

其中 $F_n(x)$ 和 $G_m(x)$ 分别是这两个样本所对应的经验分布函数.当 H_0 不真时,统计量有偏大的趋势.

可以获得如下定理.

定理 4.5.3　如果 $F(x) = G(x)$,且 $F(x)$ 为连续函数,则有

$$P(D_{n,m} \le x) = \begin{cases} 0, & x \le 1/n \\ \sum_{j=-[n/c]}^{[n/c]} (-1)^j C_{2n}^{n-j} / C_{2n}^{n}, & 1/n < x \le 1 \\ 1, & x > 1 \end{cases}$$

其中 x 为任意实数, $c = -[-x_n]$.

定理 4.5.4　如果定理 4.5.3 所述条件成立,则有

$$\lim_{\substack{n \to +\infty \\ m \to +\infty}} P\{\sqrt{nm/(n+m)} D_{n,m} < x\} = \begin{cases} K(x), & x > 0 \\ 0, & x \le 0 \end{cases}$$

其中 $K(x)$ 由式(4.3)定义.

由定理 4.5.4 可见,统计量 $D_{n,m}$ 的精确分布不依赖于总体的真分布函数 $F(x)$,以上两个定理提供了比较两个总体的分布函数的方法.

对于给定的显著性水平 α($0 < \alpha < 1$),令 $n = \dfrac{n_1 n_2}{n_1 + n_2}$,可以查表得出 $D_{n,m}$ 和 $\lambda_{1-\alpha}$,使得

$D_{n,\alpha} \approx \dfrac{\lambda_{1-\alpha}}{\sqrt{n}}$,若 $D_{n,m} > D_{n,\alpha}$,则拒绝原假设 H_0;若 $D_{n,m} < D_{n,\alpha}$,则接受原假设 H_0.

以上是拟合优度检验的一般方法,对于一些具体的分布,还可以有许多专门的方法,这些专门的方法甚至比一般性方法要好得多. 如用来判断总体分布是否为正态分布的检验方法(称为正态性检验),就有正态概率纸法、夏皮洛 - 威尔克(Shapiro-Wilk)检验(也简称 W 检验)法以及偏度峰度检验法等,这里不再赘述,有兴趣的读者可参阅非参数统计教材.

习题 4

1. 阐述假设检验的基本原理,并以正态总体为例说明这一原理的分析过程.

2. 设 $X_1, \cdots, X_n$ 是来自总体 $X \sim N(\mu, \sigma^2)$ 的简单随机样本,在方差 σ^2 已知的条件下,考虑假设检验问题:

$$H_0 : \mu = \mu_0 ; H_1 : \mu = \mu_1 > \mu_0 \,(\text{其中 } \mu_0 < c\mu_1\,)$$

若检验的拒绝域为 $W = \{\bar{X} \geqslant c\}$,分别求犯第一、二类错误的概率.

3. 设 $X_1, \cdots, X_n$ 是来自总体 $X \sim N(\mu, \sigma^2)$ 的简单随机样本, σ^2 已知,对假设检验问题:

$$H_0 : \mu = \mu_0 ; H_1 : \mu > \mu_0 + \lambda\sigma \,(\text{其中 } \lambda \text{ 为大于零的常数}\,)$$

求给定显著性水平 α 下,犯第二类错误的概率.

4. 讨论区间估计和假设检验的关系.

5. 讨论 χ^2 拟合检验法、柯尔莫哥洛夫和斯米尔诺夫检验法的特点.

6. 生物学家孟德尔(Mendel)曾经做过一个著名的豌豆试验,他将黄色圆形种子和绿色皱纹种子进行杂交,这种杂交可能得到的子代种类有黄圆、黄皱、绿圆、绿皱. 孟德尔根据遗传学理论得到这四类豌豆个数比应该为 9∶3∶3∶1,试设计一个试验以检验孟德尔理论的正确性.

思考题

讨论假设检验在工程和经济、社会领域的应用.

第 5 章　随机过程的概念和基本类型

随机过程是相对于确定性过程而言的.用数学语言来说,如果事物的变化过程可以用一个时间 t 的确定性函数来描述,这类过程就称为确定性过程;而另一类过程则没有确定的变化形式,无法直接用一个时间 t 的确定性函数来描述.具体地说,就是如果对该事物的变化全程进行一次观察,可得到一个关于时间 t 的函数,但若对该事物的变化过程重复独立地进行观察,则每次得到的结果并不一定相同.从另一角度来看,如果固定某一观测时刻 t ,事物在时刻 t 出现的状态是随机的.我们把这类过程称为随机过程.

5.1　随机过程的基本概念

下面我们先通过几个例子来看一下什么是随机过程.

例 5.1.1　考虑质点在直线上随机游走,设质点在时刻 $t=0$ 时处于位置 a (a 是整数),以后每隔单位时间分别以概率 p 和概率 $q=1-p$ 向正或负的方向移动一个长度单位.若记 X_n 为质点在时刻 n 的位置,则 X_n 是一个随机变量,从而 $\{X_n, n \geq 0\}$ 构成一个随机过程.

例 5.1.2　考虑某服务站在 $t=0$ 内到达的"顾客数",记为 $X(t)$,则 $X(t)$ 是一个随机变量,从而 $\{X(t), t \geq 0\}$ 是一个随机过程.这里的"顾客"可以是电话的"呼叫"、通信设备中的"信号"、一个系统的"更换设备"以及放射性物质衰变的"粒子"等,并且常假设 $X(t)$ 服从泊松分布.

例 5.1.3　考虑电子网络中的一个电阻,由于电阻内部微观粒子(如自由电子)的随机运动导致电阻两端的电压有一个随机的起伏.假设每隔单位时间测量一次电压,则对任一时刻 n ,电阻两端的电压 X_n 是一个随机变量, X_n 通常称为热噪声电压.显然,随着 n 的变化, $\{X_n, n \geq 0\}$ 构成一个随机过程,并且通常假设 X_n 服从高斯分布.

例 5.1.4　考虑一台振荡器,它的输出波形为 $X(t)=A\sin(\omega t + \varphi)$,其中 $A>0$ 为振幅, ω 为振荡角频率,二者皆为常数, φ 为初始相位,且是一个随机变量,服从 $[0,2\pi]$ 上的均匀分布,则 $\{X(t), t \geq 0\}$ 是一个随机过程.并且当 A , ω , φ 中有两个或都是随机变量时, $\{X(t), t \geq 0\}$ 仍是一个随机过程.

我们把上面这些例子所反映出的随时间的进展而变化与发展的随机现象称为随机过程,它们都是通过一族随时间的进展而变化的随机变量来描述的.下面我们就基于这些特征给出随机过程的数学定义.

定义 5.1.1　设 $(\Omega, \mathscr{F}, P)$ 是概率空间, T 是参数集,若对每一个 $t \in T$, $X(t,\omega)$ 是一个随机变量,则称随机变量族 $X(t)=\{X(t,\omega), t \in T\}$ 是 $(\Omega, \mathscr{F}, P)$ 上的随机过程,简记为 $\{X(t), t \in T\}$, T 称为参数集或时间参数集, $X(t)$ 称为随机过程在时刻 t 所处的状态, $X(t)$ 的所有可能的值的集合,称为状态空间,记为 I .

在随机过程的一般定义中并不限制参数 t 的具体含义和形式，它可以是时间，也可以是空间，甚至可以是没有实际物理意义的量；它可以取值于实数轴或它的一部分，也可以取值于一个向量族。但无论从理论上还是实际应用中，最常见的情形是取 T 为实数集合并赋予它时间的含义，并因此称 t 为时间参数。这时随机过程也就成为一族随时间而演变的随机变量。同样的，对于状态空间 I，其元素可以是数量的（如整数、实数等），也可以是非数量的（如阴晴、冷热等）。为叙述简单起见，我们以后总假设 $T \subset (-\infty, +\infty)$，并把 t 理解为时间，且如不特别声明，所考虑的随机过程都是实值的，即 $I \subset (-\infty, +\infty)$。根据时间参数集 T 及状态空间 I 是离散集还是连续集，可以把随机过程分为以下四种类型：T 和 I 都离散；T 连续、I 离散；T 离散、I 连续；T 和 I 都连续。其中，时间离散的随机过程，又称随机序列。上述例 5.1.1、5.1.2、5.1.3、5.1.4 分别为时间离散、状态也离散，时间连续、状态离散，时间离散、状态连续和时间连续、状态也连续的随机过程。

对随机过程 $\{X(t, \omega), t \in T\}$，若固定 t，则 $X(t, \omega) = X(\omega)$ 是一个随机变量，所以对所有的 $t \in T$，$\{X(t), t \in T\}$ 是一个随机变量族；若固定 ω，则 $X(t, \omega) = X(t)$ 是一个普通函数，称为随机过程的一个样本函数或轨道，所以对所有的 $\omega \in \Omega$，$\{X(t, \omega) = X(\omega), \omega \in \Omega\}$ 是一个样本函数族。这一视角进一步构成随机过程描述与分析的重要方面，同时也可作为随机过程的另一种定义方式。

定义 5.1.2 设随机试验 E 的样本空间为 Ω，若对每一个 $\omega \in \Omega$，总是有一个时间 t 的函数与之对应，这一族函数就称为**随机过程**，记为 $X(t) = \{X(t, \omega), t \in T\}$，或 $X(t)$，X_t 等。

5.2 随机过程的分布和数字特征

与概率论中描述随机变量的特性一样，随机过程对其随机变量族同样可由分布和数字特征来描述。

定义 5.2.1 设 $X = \{X(t), t \in T\}$ 是一个随机过程，则称一维分布函数的全体

$$\{F(t, x) = P\{X(t) \leq x\}, \quad t \in T, x \in \mathbf{R}\}$$

为随机过程 $X = \{X(t), t \in T\}$ 的一维分布函数族，其中 $F(t, x) = P\{X(t) \leq x\}$ 为随机变量 $X(t)$ 的一维分布函数。

类似地，可以定义随机变量的 n 维分布函数族。

定义 5.2.2 设 $X = \{X(t), t \in T\}$ 是一个随机过程，$t_1, t_2, \cdots, t_n \in T$，称

$$F(t_1, t_2, \cdots, t_n; x_1, x_2, \cdots, x_n) = P\{X(t_1) \leq x_1, X(t_2) \leq x_2, \cdots, X(t_n) \leq x_n\}$$

为 n 维随机变量 $(X(t_1), X(t_2), \cdots, X(t_n))$ 的分布函数，并称所有 n 维分布函数的全体

$$\{F(t_1, t_2, \cdots, t_n; x_1, x_2, \cdots, x_n), t_i \in T, x_i \in \mathbf{R}, 1 \leq i \leq n, n \geq 1\}$$

为随机过程 $X = \{X(t), t \in T\}$ 的 n **维分布函数族**。

随机过程 $\{X(t), t \in T\}$ 的一维、二维、$\cdots$、n 维等分布函数的全体

$$\{F(t_1, t_2, \cdots, t_n; x_1, x_2, \cdots, x_n), t_i \in T, 1 \leq i \leq n, n \geq 1\}$$

称为随机过程 $\{X(t), t \in T\}$ 的有限维分布函数族。显然，如果知道随机过程 $\{X(t), t \in T\}$ 的

有限维分布函数族,便可得到任意个随机变量的联合分布,从而能够完全确定它们之间的相互关系.简而言之,知道了随机过程的有限维分布函数族,便知道了随机过程的一切信息.

注意,随机过程的有限维分布函数族首先是随机变量的多维分布函数,由多维分布函数的性质可得随机过程的有限维分布函数族应该具备以下性质.

(1)对称性,即对 $(1,2,\cdots,n)$ 的任一置换 $(i_1,i_2,\cdots,i_n)$ 有

$$F(t_{i_1},t_{i_2},\cdots,t_{i_n};x_{i_1},x_{i_2},\cdots,x_{i_n})=F(t_1,t_2,\cdots,t_n;x_1,x_2,\cdots,x_n)$$

(2)相容性,即对 $m<n$,有

$$F(t_1,\cdots,t_m,t_{m+1},\cdots,t_n;x_1,\cdots,x_m,+\infty,\cdots,+\infty)=F(t_1,\cdots,t_m;x_1,\cdots,x_m)$$

而且如果一族给定的分布函数具有上述对称性和相容性,则必存在一个随机过程 $\{X(t),\ t\in T\}$,使其有限维分布函数族恰好是给定的分布函数族.这一结论是由柯尔莫哥洛夫在 1931 年证明得到的.

例 5.2.1　设 Y,Z 是两个独立的标准正态随机变量,求随机过程 $X(t)=Y+Zt,t>0$ 的一、二维概率分布.

解　$X(t)=Y+Zt$ 是两个独立的标准正态随机变量的组合,故为正态分布.则有

$$E[X(t)]=E(Y)+E(Z)t=0,D[X(t)]=D(Y)+D(Z)t^2=1+t^2$$

所以

$$X(t)\sim N(0,1+t^2)$$

对于 $s,t>0,s\neq t,X(s)=Y+Zs,X(t)=Y+Zt$ 是独立的正态随机变量 Y,Z 的满秩线性变换,故为二维正态分布.

$$E[X(s)]=E[X(t)]=0$$
$$B_X(s,t)=Cov(X+Ys,X+Yt)=D(X)+stD(Y)=1+st$$
$$D[X(s)]=1+s^2$$
$$D[X(t)]=1+t^2$$
$$\rho_X(s,t)=\frac{1+st}{\sqrt{(1+s^2)(1+t^2)}}$$

所以

$$(X(s),X(t))\sim N\left(0,0,1+s^2,1+t^2,\frac{1+st}{\sqrt{(1+s^2)(1+t^2)}}\right)$$

本例的随机过程是一个由正态随机变量构造的过程,利用多元正态分布的性质,可以求得二维分布.但在一般情况下,有限维分布的计算往往是十分困难的,所以有必要进一步给出随机过程的数字特征.

定义 5.2.3　如果随机过程 $\{X(t),\ t\in T\}$ 中任一时刻 t 所对应的随机变量 $X(t)$ 都存在期望 $E[X(t)]$,则称

$$m_X(t)=E[X(t)]=\int_{-\infty}^{+\infty}x\mathrm{d}F(t,\ x)$$

为随机过程 $X(t)$ 的**均值函数**或**期望**.

定义 5.2.4   如果随机过程 $\{X(t),\ t\in T\}$ 中任一时刻 t 所对应的随机变量 $X(t)$ 的二阶矩存在,且 $E\{[X(t)]^2\}<+\infty$,则称

$$\sigma_X^2(t)=D[X(t)]=E\{[X(t)-m_X(t)]^2\}$$

为随机过程 $X(t)$ 的**方差函数**. 称 $\sigma(t)=\sqrt{D[X(t)]}$ 为随机过程值 $X(t)$ 的**均方差函数**或**标准差函数**.

显然

$$\sigma_X^2(t)=E\{[X(t)]^2\}-[m_X(t)]^2$$

为了描述两个不同时刻 s 和 t 的随机过程状态 $X(s)$ 与 $X(t)$ 之间的联系,还要定义如下数字特征.

定义 5.2.5   在随机过程 $\{X(t),\ t\in T\}$ 中,对任给的 s,$t\in T$,如果 $X(s)$ 与 $X(t)$ 的协方差存在,则称

$$R_s(s,\ t)=E[X(s)X(t)]=\int_{-\infty}^{+\infty}\int_{-\infty}^{+\infty}xy\mathrm{d}F(s,\ t;\ x,\ y)$$

为随机过程 $X(t)$ 的**自相关函数**.

进一步地,如果取 $\rho(s,\ t)=\begin{cases}\dfrac{R(s,\ t)}{\sqrt{R(s,\ s)}\sqrt{R(t,\ t)}},R(s,\ s)R(t,\ t)\neq 0\\ 0,\qquad\qquad\qquad\quad R(t,\ t)=0\end{cases}$,则称 $\rho(s,\ t)$ 为规范相关函数. 并且当 $s=t$ 时,称

$$\psi_X(t)=R_X(t,\ t)=E\{[X(t)]^2\}$$

为均方值函数.

定义 5.2.6   在随机过程 $\{X(t),\ t\in T\}$ 中,对任给的 s,$t\in T$,如果 $X(s)$ 与 $X(t)$ 的协方差存在,则称

$$C_X(x,\ t)=E\{[X(s)-m_X(s)][X(t)-m_X(t)]\}$$

为随机过程 $X(t)$ 的**自协方差函数**.

显然

$$C_X(s,\ t)=R_X(s,\ t)-m_X(s)m_X(t),\quad 且\ \sigma_X^2(t)=C_X(t,\ t)$$

从上面的定义可以看到,利用均值函数和自相关函数可以计算自协方差函数和方差函数. 所以,均值函数和自相关函数是随机过程的基本数字特征.

当所讨论的随机过程不止一个时,需要在相应随机过程的数字特征记号中加下标,写为 $m_X(t)$,$R_X(s,t)$,$B_X(s,t)$ 和 $D_X(t)$,以用于区分.

例 5.2.2 $X(t)=A\cos(\omega t+\Theta)$,其中 ω 是正常数,随机变量 A 与 Θ 相互独立,$A\sim N(0,1)$,$\Theta\sim U(0,2\pi)$. 求随机过程 $\{X(t)\}$ 的均值函数和自相关函数.

解 $m(t)=E[X(t)]=E[A\cos(\omega t+\Theta)]=E(A)E[\cos(\omega t+\Theta)]=0$

$$\begin{aligned}R(s,t)&=E[X(s)X(t)]=E[A^2\cos(\omega s+\Theta)\cos(\omega t+\Theta)]\\&=E(A^2)E[\cos(\omega s+\Theta)\cos(\omega t+\Theta)]\\&=\frac{1}{2\pi}\int_0^{2\pi}[\cos(\omega s+\theta)\cos(\omega t+\theta)]\mathrm{d}\theta\\&=\frac{1}{2}\cos\omega(t-s)\end{aligned}$$

例 5.2.3　$\{X_j, j = 1, 2, \cdots\}$ 是相互独立的随机序列,且

$$P(X_j = 1) = p; P(X_j = 0) = q; \quad p + q = 1$$

设 $Y_n = \sum_{j=1}^{n} X_j$,求随机过程 $Y_n (n = 1, 2, \cdots)$ 的均值函数和自相关函数.

解　因为 $E(X_j) = p, D(X_j) = pq$,所以

$$m_Y(n) = E(Y_n) = E(\sum_{j=1}^{n} X_j) = np$$

设 $m \leq n$,有

$$B_Y(n,m) = Cov(Y_n, Y_m) = Cov\left(\sum_{j=1}^{n} X_j, \sum_{j=1}^{m} X_j\right)$$

$$= Cov\left(\sum_{j=1}^{m} X_j + \sum_{j=m+1}^{n} X_j, \sum_{j=1}^{m} X_j\right)$$

$$= D\left(\sum_{j=1}^{m} X_j\right) = mpq = \min(n,m)pq$$

所以,$B_Y(n,m) = \min(n,m)pq$. 从而有

$$R_Y(n,m) = B_Y(n,m) + E(Y_n)E(Y_m) = \min(n,m)pq + nmp^2$$

在实际问题中,有时会遇到需要同时讨论两个或两个以上随机过程之间关系的情况,如在一个系统中可能需要同时考虑输入和输出信号之间的关系. 因此,有必要引入两个随机过程的互相关函数和互协方差的概念.

定义 5.2.7　设两个实随机过程 $\{X(t), t \in T\}$, $\{Y(t), t \in T\}$ 都是二阶矩过程,则称

$$R_{XY}(s,t) = E[X(s)Y(t)] \quad (s, t \in T)$$

为 $\{X(t), t \in T\}$ 与 $\{Y(t), t \in T\}$ 的互相关函数. 称

$$B_{XY}(s,t) \triangleq E[(X(s) - m_X(s))(Y(t) - m_Y(t))]$$

为 $\{X(t), t \in T\}$ 与 $\{Y(t), t \in T\}$ 的互协方差函数.

如果对任意的 $s, t \in T$,有 $B_{XY}(s,t) = 0$,则称 $\{X(t), t \in T\}$ 与 $X(t)$ 互不相关.

显然

$$B_{XY}(s,t) = R_{XY}(s,t) - m_X(s)m_Y(t)$$

例 5.2.4　已知实随机过程 $X(t)$ 具有自相关函数 $R(s,t)$,设 $Y(t) = X(t+a) - X(t)$,求 $R_{XY}(s,t)$, $R_Y(s,t)$.

解　$R_{XY}(s,t) = E\{X(s)[X(t+a) - X(t)]\}$

$$= R(s, t+a) - R(s,t)$$

$$R_{YY}(s,t) = E\{[X(s+a) - X(s)][X(t+a) - X(t)]\}$$

$$= R(s+a, t+a) - R(s+a, t) - R(s, t+a) + R(s,t)$$

5.3 复随机过程

随机过程的定义可以推广到复随机过程,以便进行更广泛的研究.

设 $X(t)$ 与 $Y(t)$ 是两个实随机过程, $Z(t) = X(t) + iY(t)$ 称为复随机过程,其中 $i^2 = -1$. $Z(t)$ 的统计性由 $X(t)$ 与 $Y(t)$ 完全确定. 当 $X(t)$ 与 $Y(t)$ 的二阶矩存在时, $Z(t)$ 的均值函数、方差函数、相关函数和协方差函数分别定义如下.

(1)均值函数:

$$m_Z(t) = E[Z(t)] = m_X(t) + im_Y(t)$$

(2)方差函数:

$$\sigma_Z^2(t) = D[Z(t)] = E[|Z(t) - m_Z(t)|^2]$$
$$= E\{[Z(t) - m_Z(t)][\overline{Z(t) - m_Z(t)}]\}$$
$$= \sigma_X^2(t) + \sigma_Y^2(t)$$

(3)自相关函数:

$$R_Z(s, \ t) = E[Z(s)\overline{Z(t)}]$$
$$= R_X(s, \ t) + R_Y(s, \ t) + i[R_{YX}(s, \ t) - R_{XY}(s, \ t)]$$

(4)自协方差函数:

$$C_Z(s, \ t) = E\{[Z(s) - m_Z(s)][\overline{Z(t) - m_Z(t)}]\}$$
$$= R_Z(s, \ t) - m_Z(s)\overline{m_Z(t)}$$

(5)互相关函数:

$$R_{Z_1 Z_2}(s, \ t) = E[Z_1(s)\overline{Z_2(t)}]$$

(6)互协方差函数:

$$C_{Z_1 Z_2}(s, \ t) = E\{[Z_1(s) - m_{Z_1}(s)][\overline{Z_2(t) - m_{Z_2}(t)}]\}$$

定理 5.3.1 随机过程 $\{Z(t), t \in T\}$ 的相关函数 $R_Z(s, t)$ 具有如下性质:

(1) $R_Z(t, t) \geq 0$;

(2)对称性, $R_Z(s, t) = \overline{R_Z(t, s)}$;

(3) $|R_Z(s, t)| \leq \sqrt{E\left[|Z(s)|^2\right] E\left[\left|\overline{Z(t)}\right|^2\right]}$;

(4)非负定性,对任意 $t_i \in T$ 及复数 $a_i \ (i = 1, 2, \cdots, n, n \geq 1)$,有

$$\sum_{i,j=1}^{n} R_Z(t_i, t_j) a_i \overline{a_j} \geq 0$$

证明 (1)和(2)显然,只证明(3)和(4).

(3)利用施瓦茨不等式:

$$|R_Z(s, t)| = \left|E[Z(s)\overline{Z(t)}]\right| \leq \sqrt{E\left[|Z(s)|^2\right] E\left[\left|\overline{Z(t)}\right|^2\right]}$$

（4）

$$\sum_{i,j=1}^{n} R_z(t_i,t_j)\, a_i \overline{a_j} = \sum_{i,j=1}^{n} E[Z(t_i)\overline{Z(t_j)}]\, a_i \overline{a_j} = E\sum_{i,j=1}^{n}[a_i Z(t_i)\overline{a_j Z(t_j)}] = E\left|\sum_{i}^{n} a_i Z(t_i)\right|^2 \geqslant 0$$

由相关函数的非负定性,可得如下重要结论.

定理 5.3.2　在 $T\times T$ 上给定函数 $R(s,t)$,如果它是非负定的,则一定存在一个二阶矩过程(事实上还是正态过程)$\{X(t),t\in T\}$ 使得 $R(s,t)$ 正好是 $\{X(t),t\in T\}$ 的自相关函数;如果 $R(s,t)$ 是实的,则相应的随机过程也是实的.

定理 5.3.3　随机过程 $\{Z_1(t),t\in T\}$ 与 $\{Z_2(t),t\in T\}$ 的互相关函数 $R_{Z_1Z_2}(s,t)$ 具有如下性质:

（1）$R_{Z_1Z_2}(s,t)=\overline{R_{Z_2Z_1}(t,s)}$;

（2）$R_{Z_1Z_2}(s,t)\leqslant \sqrt{E\left[\left|Z_1(s)\right|^2\right]E\left[\overline{\left|Z_2(t)\right|}^2\right]}$.

证明　（1）用定义即可证明.

（2）的证明类似于定理 5.3.1 中（4）的证明.

自协方差函数也具有和自相关函数相同的性质;互协方差函数具有和互相关函数相同的性质,这里不再列举.

5.4　随机过程的基本类型

随机过程的一种分类方法是根据参数空间 T 和状态空间 I 是离散还是连续进行分类的,这一分类方法在前面已有阐述;另一种分类方法则是着眼于应用并提炼相应过程的统计特性而进行分类的,基于这一视角基本上可以把常见的随机过程分为两大类,即与二阶矩过程密切相关的过程和与马尔科夫过程密切相关的过程.下面就以这两个大类为线索对各种常见随机过程进行简要介绍.

5.4.1　二阶矩随机过程

简单来说,二阶矩随机过程就是均值函数和方差函数都有限的随机过程,或者更直接一点说,就是随机过程在任一时刻所对应的随机变量都有期望和方差.二阶矩过程还常常采用如下定义形式.

定义 5.4.1　对随机过程 $\{X(t),\ t\in T\}$,如果任意的 $t\in T$,总有 $E[|X(t)|^2]<+\infty$,则称随机过程 $X(t)$ 为**二阶矩随机过程**,简称为**二阶矩过程**.

这是因为由 $E[|X(t)|^2]<+\infty$ 可直接推出 $E[|X(t)|]<+\infty$,并且由施瓦茨不等式可知

$$R_X^2(s,\ t)=\left|E[X(s)X(t)]\right|^2 \leqslant E[|X(s)|]^2 E[|X(t)|^2]<+\infty$$

也存在.从而二阶矩随机过程 $X(t)$ 的均值函数、方差函数、自相关函数、协方差函数都存在.另外,由于对二阶矩过程 $\{X(t),\ t\in T\}$,若令 $\tilde{X}(t)=X(t)-m_X(t)$,则 $\{\tilde{X}(t),\ t\in T\}$ 仍是

一个二阶矩过程,并且 $E[\tilde{X}(t)] = 0$,故在实际应用中又常假设二阶矩过程的均值函数为零.二阶矩过程中,高斯过程、平稳过程和正交增量过程都是其重要子类.

定义 5.4.2 对随机过程 $\{X(t),\ t \in T\}$,如果任给正整数 $n \geq 1$ 和 $t_k \in T(1 \leq k \leq n)$, $(X(t_1),X(t_2),\cdots,X(t_n))$ 是 n 维正态随机变量,则称随机过程 $\{X(t),\ t \in T\}$ 是**高斯过程**或**正态过程**.

简单来说,高斯过程就是任意有限维分布都是正态分布的随机过程. 显然,对于高斯过程,只要知道它的均值函数 $m_X(t)$ 和协方差函数 $C_S(s,\ t)$,就可确定其有限维分布.

定义 5.4.3 如果随机过程 $\{X(t),\ t \in T\}$ 满足

(1) $E[|X(t)|^2] < +\infty$;

(2) $m_X(t) = E[X(t)] = m$(常数) ;

(3) $R_X(s,\ t) = E[X(s)X(t)] = R_X(s-t)$,

则称随机过程 $X(t)$ 为**宽平稳过程**或**广义平稳过程**.

与宽平稳过程相对应的是严平稳过程.

定义 5.4.4 如果随机过程 $\{X(t),\ t \in T\}$ 的任意有限维分布不随时间而改变,即对任意的 $n \geq 1$ 及 $t_i,\ t_i + \tau \in T(i \leq i \leq n)$,随机变量 $(X(t_1),X(t_2),\cdots,X(t_n))$ 与 $(X(t_1+\tau),X(t_2+\tau),\cdots,X(t_n+\tau))$ 具有相同的联合分布函数,则称 $\{X(t),\ t \in T\}$ 是**严平稳过程**或**狭义平稳过程**.

由于一般情况下随机变量的数字特征不能决定其分布函数,所以宽平稳过程不一定是严平稳过程;而严平稳过程的二阶矩不一定存在,所以严平稳过程也不一定是宽平稳过程. 只有当严平稳过程的二阶矩存在时,严平稳过程才是宽平稳过程. 例如高斯过程既是严平稳的又是宽平稳的,这是因为高斯过程的一、二阶矩可直接决定其分布函数. 此外,由于在随机过程的理论中研究宽平稳过程更多,所以一般把宽平稳过程简称为平稳过程.

例 5.4.1 设有独立随机过程 $\{X(n),\ n = 1,2,\cdots\}$,当 n 为奇数时, $X(n)$ 服从 $(-6,6)$ 上的均匀分布;当 n 为偶数时, $X(n)$ 服从正态分布 $N(0,12)$.

证明: $\{X(n),\ n = 1,2,\cdots\}$ 是宽平稳过程,但不是严平稳过程.

证明 计算得到:

$$E[X(n)] = 0,\quad D[X(n)] = 12 \quad (n = 1,2,3,\cdots)$$

$$R_X(n,n-m) = E[X(n)X(n-m)] = \begin{cases} 12, & m = 0 \\ 0, & m \neq 0 \end{cases}$$

所以 $\{X(n),\ n = 1,2,\cdots\}$ 是宽平稳过程.

但 n 为奇数和 n 为偶数时 $X(n)$ 服从不同的分布,显然 $\{X(n),\ n = 1,2,\cdots\}$ 不是严平稳过程.

除平稳过程外,还有一类重要的二阶矩过程是正交增量过程.

定义 5.4.5 设 $X = \{X(t),\ t \in T\}$ 是一个二阶矩随机过程,若对任意的 $t_k \in T(1 \leq k \leq 4)$,且 $t_1 < t_2 < t_3 < t_4$,有

$$E\{[X(t_2) - X(t_1)][X(t_4) - X(t_3)]\} = 0$$

即不相交时间段上过程增量积的期望为零,则称 $X(t)$ 为**正交增量过程**.

5.4.2 马尔科夫过程

马尔科夫过程是另一类在应用上非常重要的过程.

定义 5.4.6 设 $\{X(t),\ t \in T\}$ 是一个随机过程,若对任意的 $n \geqslant 1$ 及 $t_i \in T (1 \leqslant i \leqslant n)$ 以及 $x_i \in I\ (1 \leqslant i \leqslant n)$,都有

$$P\{X(t_n) \leqslant x_n \mid X(t_1) = x_1, \cdots, X(t_{n-1}) = x_{n-1}\} = P\{X(t_n) \leqslant x_n \mid X(t_{n-1}) = x_{n-1}\}$$

则称 $X(t)$ 是一个**马尔科夫过程**.

如 果 把 "$X(t_n) \leqslant x_n$" 视 为 将 来,"$X(t_{n-1}) = x_{n-1}$" 视 为 现 在,"$X(t_1) = x_1, \cdots,$ $X(t_{n-2}) = x_{n-2}$" 视为过去的话,上式表明在已知"现在"的条件下,过程的"将来"与"过去"无关. 这一特性称为马尔科夫性,或无记忆性,或无后效性.

一种与马尔科夫过程密切相关的随机过程是独立增量过程.

定义 5.4.7 设 $\{X(t),\ t \in T\}$ 是一个随机过程,若对任意的正整数 $n \geqslant 2$ 和 T 中任意的 $t_1 < t_2 < \cdots < t_n$,过程增量 $X(t_2) - X(t_1)$,$X(t_3) - X(t_2)$,$\cdots$,$X(t_n) - X(t_{n-1})$ 是相互独立的,则称 $\{X(t),\ t \in T\}$ 是**独立增量**或**可加过程**.

独立增量过程的特点是它在任一时间间隔上,过程状态的改变不影响任一个与它不相关的时间间隔上状态的改变,如服务系统在某段时间间隔内的"顾客"数,电话交换台接到的电话"呼叫"数等都可用这种过程来描述. 因为在不相交的时间间隔内,"顾客"数和"呼叫"数都是相互独立的.

正交增量过程和独立增量过程都是根据不相交的时间间隔上增量的统计相依性来定义的. 显然,二阶矩存在且均值函数为零的独立增量过程是正交增量过程,反之未必成立.

此外,初始状态以概率 1 取零值的独立增量过程是马尔科夫过程. 设 $\{X(t),\ t \in T\}$ 是一个独立增量过程,其中 $T = [a, +\infty), a > -\infty$,$P\{X(a) = 0\} = 1$. 这时对任意的 $t_1 < t_2 < \cdots < t_n < t$,过程增量 $X(t) - X(t_n)$ 与 $X(t_1) - X(a)$,$X(t_2) - X(t_1)$,$X(t_3) - X(t_2)$,$\cdots$,$X(t_{n-1}) - X(t_{n-2})$ 是相互独立的,所以当 $X(t_n)$ 已知时,$X(t) = X(t) - X(t_n) + X(t_n)$ 与 $X(t_1)$,$X(t_2) = X(t_2) - X(t_1)$ $+ X(t_1)$,$X(t_3) = X(t_3) - X(t_2) + X(t_2), \cdots$,$X(t_{n-1}) = X(t_{n-1}) - X(t_{n-2}) + X(t_{n-2})$ 也是相互独立的. 因此,独立增量过程 $\{X(t),\ t \in T\}$ 一定是一个马尔科夫过程.

还有一类增量过程经常与独立增量过程一起使用,并构成随机过程中另一类极具应用价值的随机过程.

定义 5.4.8 设 $\{X(t),\ t \in T\}$ 是一个随机过程,若对任意的实数 τ 以及 T 中任意的 t_1,t_2 及 $t_1 + \tau$,$t_2 + \tau$,随机变量 $X(t_2) - X(t_1)$ 与 $X(t_2 + \tau) - X(t_1 + \tau)$ 具有相同的分布,即

$$X(t_2) - X(t_1) \triangleq X(t_2 + \tau) - X(t_1 + \tau)$$

则称 $X(t)$ 为**平稳增量过程**.

注意,平稳增量过程的增量 $(X(t_2) - X(t_1))$ 分布只依靠于时间间隔 $(t_2 - t_1)$,而与时间的起点无关,所以又称其为时齐的或齐次的.

如果一个随机过程的增量既是平稳的又是独立的,则称这类过程为平稳独立增量过程,又称 Lévy 过程.它是一类极具应用价值的随机过程,并且包含诸如随机游走、泊松过程和维纳过程等既常用又在各种随机过程理论中颇具解释作用的过程,尤其是这三类过程还同为马尔科夫过程.

习题 5

1. 设有随机过程 $\{X(t) = e^{-\xi t}, t > 0\}$,其中随机变量 $\xi \sim U(0,1)$,试求该过程的(1)均值函数 $m(t)$;(2)自相关函数 $R(s,t)$;(3)一维概率密度 $f_t(x)$.

2. 设随机过程 $\{X(t) = A(t)\cos t, -\infty < t < +\infty\}$,其中 $\{A(t), t \in \mathbf{R}\}$ 为独立同分布随机过程, $P\{A(t) = i\} = \dfrac{1}{2}(i = 1,2)$,求:

(1)一维分布函数 $F_{\frac{\pi}{4}}(x)$, $F_{\frac{\pi}{2}}(x)$;

(2)二维分布函数 $F_{0,\frac{\pi}{3}}(x,y)$;

(3)均值函数 $m_X(t)$ 和自协方差函数 $B_X(s,t)$.

3. 考虑随机游动 $\{Y(n), n = 0,1,2,\cdots\}$,这里

$$Y(n) = \sum_{k=1}^{n} X(k) \quad (n = 1,2,\cdots)$$
$$Y(0) = 0$$

其中 $X(k)(k = 0,1,2,\cdots)$ 是相互独立且同服从 $N(0,\sigma^2)$ 的正态随机变量.试求:

(1) $Y(n)$ 的概率密度;

(2) $(Y(n),Y(m))$ 的联合概率密度 $(m \geq n)$.

4. 设 $\{X(n), n \geq 1\}$ 为一个随机过程,其中 $X(n)(n = 1,2,\cdots)$ 相互独立且同分布,证明此随机过程为严平稳过程.

5. 设随机过程 $X(t) = \sin(ut), u \sim U[0,2\pi]$,证明:

(1)若 $t \in T, T = \{1,2,\cdots\}$,则 $\{X(t), t = 1,2,\cdots\}$ 是平稳过程;

(2)若 $t \in T, T \in (0,+\infty)$,则 $\{X(t), t > 0\}$ 不是平稳过程.

6. 设 $\{X(t), -\infty < t < +\infty\}$ 为零均值正交增量过程,且

$$E[X(t_2) - X(t_1)]^2 = t_2 - t_1 \quad (t_2 > t_1)$$

令 $Y(t) = X(t) - X(t-1)$,试证明 $\{Y(t), -\infty < t < +\infty\}$ 为平稳过程,并求它的相关函数.

7. 试讨论马尔科夫过程、高斯过程和平稳过程之间的关系.

思考题

讨论随机过程是如何分析随机现象的,有哪些方面的应用.

第6章　马尔科夫过程

马尔科夫过程是一类在工程应用中极具价值的随机过程,这类过程的特点是其未来状态只受当前状态的影响,而和历史状态的演化过程无关. 这个性质被称为马尔科夫性或无后效性,具有马尔科夫性或无后效性的过程称为马尔科夫过程.

马尔科夫过程一般分为以下 3 类.

(1)时间和状态都离散的马尔科夫过程称为离散时间马尔科夫链. 离散时间马尔科夫链的一个典型过程是随机游走.

(2)时间连续、状态离散的马尔科夫过程称为纯不连续的马尔科夫过程,也称连续时间马尔科夫链. 连续时间马尔科夫链的一个典型过程是泊松过程.

(3)时间和状态都连续的马尔科夫过程称为连续马尔科夫过程. 由于这类过程是因研究扩散现象而产生的,故又称为扩散过程. 扩散过程的一个典型过程是布朗运动.

6.1　离散时间马尔科夫链与随机游走

6.1.1　马尔科夫链的定义和基本概念

本节讨论马尔科夫链. 如果没有特别说明,一般假定所讨论马尔科夫链的参数集为 $T=\{0,1,2,\cdots\}$,状态集为 $I=\{1,2,\cdots\}$.

定义 6.1.1　设有随机过程 $\{X_n, n\in T\}$,若对任意的整数 $n\in T$ 和任意的 $i_1, i_2, \cdots, i_{n+1}\in I$, $t_1, t_2, \cdots, t_{n+1}\in T$, $t_1<t_2<\cdots<t_n<t_{n+1}$,有

$$P\{X_{t_{n+1}}=i_{n+1} \mid X_{t_1}=i_1, \cdots, X_{t_n}=i_n\}=P\{X_{t_{n+1}}=i_{n+1} \mid X_{t_n}=i_n\} \tag{6.1}$$

则称 $\{X_n, n\in T\}$ 为马尔科夫链(Markov 链),简称马氏链.

对于马尔科夫链特性的研究中,条件概率 $P\{X_{m+n}=j \mid X_m=i\}$ 起着举足轻重的作用.

定义 6.1.2　对任意 $i, j\in I$,称条件概率

$$p_{ij}^{(n)}(m)=P\{X_{m+n}=j \mid X_m=i\}$$

为马尔科夫链 $\{X_n, n\in T\}$ 在 m 时刻处于状态 i 的情况下经 n 步转为状态 j 的 n 步转移概率.

如果 $p_{ij}^{(n)}(m)$ 不依赖于 m,则称该马尔科夫链是齐次的,并记 $p_{ij}^{(n)}(m)$ 为 $p_{ij}^{(n)}$.

特别地,当 $n=1$ 时,其一步转移概率为

$$p_{ij}^{(1)}=P\{X_{m+1}=j \mid X_m=i\}$$

也简称为转移概率,记为 p_{ij} .

后面在不特别说明的情况下,所讨论的马尔科夫链都是齐次的.

定义 6.1.3　称马尔科夫链的所有 n 步转移概率 $p_{ij}^{(n)}$ 形成的矩阵

$$\boldsymbol{P}^{(n)} = \left(p_{ij}^{(n)}\right)_{i,j \in I}$$

为该马尔科夫链的 n 步转移概率矩阵.

特别地,当 $n=1$ 时,其一步转移概率矩阵为

$$\boldsymbol{P} = (p_{ij})_{i,j \in I}$$

显然,$n\,(n \geq 1)$ 步转移概率具有下列性质:

(1) $p_{ij}^{(n)} \geq 0, i, j \in I$;

(2) $\sum_{j \in I} p_{ij}^{(n)} = 1, i \in I$.

这种所有的元素为非负值,且每行元素之和为 1 的矩阵又称为随机矩阵.

此外,为了应用上的方便,规定 0 步转移概率为

$$p_{ij}^{(0)} = \begin{cases} 0, & i \neq j \\ 1, & i = j \end{cases}$$

相应地,0 步转移概率矩阵为

$$\boldsymbol{P}^{(0)} = \left(p_{ij}^{(0)}\right)_{i,j \in I}$$

显然 0 步转移概率矩阵是单位阵,也是随机矩阵.

例 6.1.1 无限制随机游动.

随机游动是指一个质点在直线上(或平面上,或空间中)的某个范围内随机地逐步游动.这里我们先考虑质点在数轴的整点上做随机游动,每次移动一格.向右移动概率为 p,向左移动概率为 $q\,(p+q=1)$,$X(n)$ 表示质点在 n 时所处的位置,则 $X(n)$ 是一齐次马尔科夫链,写出一步转移概率.

解 状态空间 $I = \{0, \pm 1, \pm 2, \cdots\}$,转移概率 $p_{i,i+1} = p$,$p_{i,i-1} = q$,所以转移概率矩阵为

$$\boldsymbol{P} = \begin{pmatrix} \vdots & \vdots & \vdots & \vdots & \\ \cdots & 0 & p & & \cdots \\ \cdots & q & 0 & p & \cdots \\ \cdots & & q & 0 & p & \cdots \\ \vdots & \vdots & \vdots & \vdots & \end{pmatrix}$$

在这个例子中 p_{ij} 中的 i,j 也是状态的实际值.

例 6.1.2 带有一个吸收壁的随机游动.

考虑状态空间 $I = \{0, 1, 2, \cdots\}$ 的随机游动,在 n 时刻位于 0 状态(即 $X_n = 0$)后,下一个时刻的状态 X_{n+1} 就停留在 0 这个状态上,这样的状态被称为吸收状态.显然,这个随机过程 $\{X_n, n = 0, 1, 2, \cdots\}$ 也是一个齐次马尔科夫链,它的一步转移概率为

$$p_{i,i+1} = p, \ p_{i,i-1} = q = 1 - p(i \geq 1); \ p_{00} = 1$$

一般将 0 看作状态空间的端点,并被形象地称为壁,从而常将这类随机过程称为带有一个吸收壁的随机游动.

例 6.1.3 带有两个吸收壁的随机游动.

考虑状态空间 $I=\{0,1,2,\cdots,a\}$ 的随机游动,且 0 和 a 为它的吸收状态,这时该随机过程也是一个齐次马尔科夫链,它的一步转移概率为

$$p_{i,i+1}=p,\ p_{i,i-1}=q=1-p(1\leqslant i\leqslant a-1);\ p_{00}=p_{aa}=1$$

通常将这类随机过程称为带有两个吸收壁的随机游动.事实上,著名的赌徒输光问题就属于此类模型.

类似地,可以定义带有一个或两个反射壁的随机游动.

例 6.1.4　带有一个反射壁的随机游动.

考虑状态空间 $I=\{0,1,2,\cdots\}$ 的随机游动,且在某时刻质点位于 0,则下一步质点以概率 p 向右移动到状态 1,以概率 $q=1-p$ 停留在状态 0.显然,这也是一个齐次马尔科夫链,它的一步转移概率为

$$p_{i,i+1}=p,\ p_{i,i-1}=q=1-p(i\geqslant 1);\ p_{00}=q,p_{01}=p$$

通常将这类随机过程称为带有一个反射壁的随机游动.

例 6.1.5　带有两个反射壁的随机游动.

考虑状态空间 $I=\{0,1,2,\cdots,a\}$ 的随机游动,且 0 和 a 为它的反射状态,显然这也是一个齐次马尔科夫链,它的一步转移概率为

$$p_{i,i+1}=p,\ p_{i,i-1}=q=1-p(1\leqslant i\leqslant a-1);\ p_{00}=q,p_{01}=p,p_{aa}=p,p_{a,a-1}=q$$

通常将这类随机过程称为带有两个反射壁的随机游动.

从上面例子可以看出,一个马尔科夫链的一步转移概率矩阵由过程的特性描述可以写出.下面进一步讨论马尔科夫链的多步转移概率、绝对分布和有限维分布.

6.1.2　马尔科夫链的有限时刻的分布

马尔科夫链的多步转移概率、绝对分布和有限维分布称为有限时刻的分布.

定理 6.1.1　设 $\{X_n,n\in T\}$ 为马尔科夫链,则对任意整数 $n\geqslant 0$,$0\leqslant l\leqslant n$ 和 $i,j\in I$,有

$$p_{ij}^{(n)}=\sum_{k\in I}p_{ik}^{(l)}p_{kj}^{(n-l)} \tag{6.2}$$

证明　$p_{ij}^{(n)}=P\{X_{m+n}=j\,|\,X_m=i\}$

$$=\sum_{k\in I}P\{X_{m+l}=k,X_{m+n}=j\,|\,X_m=i\}$$

$$=\sum_{k\in I}P\{X_{m+l}=k\,|\,X_m=i\}P\{X_{m+n}=j\,|\,X_m=i,X_{m+l}=k\}$$

$$=\sum_{k\in I}P\{X_{m+l}=k\,|\,X_m=i\}P\{X_{m+n}=j\,|\,X_{m+l}=k\}$$

$$=\sum_{k\in I}p_{ik}^{(l)}p_{kj}^{(n-l)}$$

式(6.2)称为切普曼 - 柯尔莫哥洛夫方程,简称 C-K 方程.它将 n 步转移概率分解为更低步的转移概率,所以也可以称其为 n 步转移概率的分解定理,它是马尔科夫链研究中的重要公式之一.

考虑矩阵乘法的定义,不难看出 C-K 方程还可以用转移概率矩阵等价地表示为

$$\boldsymbol{P}^{(n)} = \boldsymbol{P}^{(l)}\boldsymbol{P}^{(n-l)} \qquad (0 \leqslant l \leqslant n) \tag{6.3}$$

特别地,在式(6.3)中取 $l = 1$,得

$$\boldsymbol{P}^{(n)} = \boldsymbol{P}\boldsymbol{P}^{(n-1)} \tag{6.4}$$

与式(6.4)等价的转移概率可以表示为

$$p_{ij}^{(n)} = \sum_{k \in I} p_{ik} p_{kj}^{(n-1)}$$

并且利用式(6.4)还可递推得到

$$\boldsymbol{P}^{(n)} = \boldsymbol{P}\boldsymbol{P}^{(n-1)} = \boldsymbol{P} \cdot \boldsymbol{P} \cdot \boldsymbol{P}^{(n-2)} = \cdots = \boldsymbol{P}^n \tag{6.5}$$

由式(6.5)可以看出,齐次马尔科夫链的 n 步转移概率矩阵是一步转移概率矩阵的 n 次幂. 所以,马尔科夫链的 n 步转移概率完全由一步转移概率所确定.

有限维分布中最简单的是一维分布,马尔科夫链的一维分布称为绝对分布.

定义 6.1.4　设 $\{X_n, n \geqslant 0\}$ 为马尔科夫链,则对任意整数 $n \geqslant 0$,$j \in I$,称

$$\pi_j(n) = P\{X_n = j\}$$

为绝对概率,称向量

$$\boldsymbol{\pi}(n) = (\pi_j(n))_{j \in I}$$

为绝对分布.

特别地,当 $n = 0$ 时,称

$$\pi_j(0) = P\{X_0 = j\}$$

为初始概率;称

$$\boldsymbol{\pi}(0) = (\pi_j(0))_{j \in I}$$

为初始分布.

显然,绝对概率满足:

$$\begin{cases} \pi_j(n) \geqslant 0 \\ \sum_{j \in I} \pi_j(n) = 1 \end{cases} \qquad (j \in I, n \geqslant 1) \tag{6.6}$$

定理 6.1.2　设 $\{X_n, n \geqslant 0\}$ 为马尔科夫链,则对任意 $j \in I$ 和 $n \geqslant 0$,绝对概率 $\pi_j(n)$ 满足

$$\pi_j(n) = \sum_{i \in I} \pi_i(0) p_{ij}^{(n)} \tag{6.7}$$

或用向量表示为

$$\boldsymbol{\pi}(n) = \boldsymbol{\pi}(0) \boldsymbol{P}^{(n)} \tag{6.8}$$

证明　$\pi_j(n) = P\{X_n = j\} = \sum_{i \in I} P\{X_0 = i, X_n = j\}$

$$= \sum_{i \in I} P\{X_0 = i\} P\{X_n = j \mid X_0 = i\}$$

$$= \sum_{i \in I} \pi_i(0) p_{ij}^{(n)}$$

根据 C-K 方程,式(6.8)还可以写为

$$\boldsymbol{\pi}(n) = \boldsymbol{\pi}(0) \boldsymbol{P}^{(l)} \boldsymbol{P}^{(n-l)} = \boldsymbol{\pi}(l) \boldsymbol{P}^{(n-l)} \qquad (0 \leqslant l \leqslant n) \tag{6.9}$$

定理 6.1.3(齐次马尔科夫链的有限维分布)　设 $\{X_n, n \in T\}$ 为马尔科夫链,则对任意整

数 $m \geq 1$ 和 $i_1, i_2, \cdots, i_m \in I$, $n_1, n_2, \cdots, n_m \in T$, $n_1 < n_2 < \cdots < n_m$，有

$$P\{X(n_1) = i_1, X(n_2) = i_2, \cdots, X(n_m) = i_m\} = p_{i_1 i_2}^{(n_2 - n_1)} \cdots p_{i_{m-1} i_m}^{(n_m - n_{m-1})} \sum_k \pi_k(0) p_{k i_1}^{(n_1)} \quad (6.10)$$

证明　$P\{X(n_1) = i_1, X(n_2) = i_2, \cdots, X(n_m) = i_m\}$

$$= P\{X(n_1) = i_1\} P\{X(n_2) = i_2 \mid X(n_1) = i_1\} \cdots$$
$$P\{X(n_m) = i_m \mid X(n_1) = i_1, X(n_2) = i_2, \cdots, X(n_{m-1}) = i_{m-1}\}$$
$$= P\{X(n_1) = i_1\} P\{X(n_2) = i_2 \mid X(n_1) = i_1\} \cdots$$
$$P\{X(n_m) = i_m \mid X(n_{m-1}) = i_{m-1}\}$$
$$= P\{X(n_1) = i_1\} p_{i_1 i_2}^{(n_2 - n_1)} \cdots p_{i_{m-1} i_m}^{(n_m - n_{m-1})}$$
$$= p_{i_1 i_2}^{(n_2 - n_1)} \cdots p_{i_{m-1} i_m}^{(n_m - n_{m-1})} \sum_{k \in I} \pi_k(0) p_{k i_1}^{(n_1)}$$

定理 6.1.3 说明，马尔科夫链的有限维分布完全由它的初始概率和一步转移概率所决定.

6.1.3　马尔科夫链的状态关系与属性

前面我们讨论了马尔科夫链的多步转移概率、绝对分布和有限维分布这些马尔科夫链在有限时刻的分布，下面讨论马尔科夫链的极限分布问题：马尔科夫链随着时间 $n \to +\infty$ 有没有一个稳定的分布？或者换句话说，转移概率的极限 $\lim_{n \to +\infty} P_{ij}^{(n)}$ 是否存在呢？

由于极限 $\lim_{n \to +\infty} P_{ij}^{(n)}$ 与状态之间的关系以及状态的统计特性有关，因此先讨论马尔科夫链状态之间的关系及状态的周期、常返等属性.

1. 状态之间的可达与互通

定义 6.1.5　对于状态 i 和 j，若存在 $n > 0$，使得 $p_{ij}^{(n)} > 0$，则称状态 i 可达状态 j，并记为 $i \to j$.

定理 6.1.4　若 $i \to j, j \to k$，则 $i \to k$，即可达关系具有传递性.

证明　由于 $i \to j, j \to k$，故存在 $m > 0, n > 0$，使得

$$p_{ij}^{(m)} > 0, \quad p_{jk}^{(n)} > 0$$

由 C-K 方程，知

$$p_{ik}^{(m+n)} = \sum_s p_{is}^{(m)} p_{sk}^{(n)} \geq p_{ij}^{(m)} p_{jk}^{(n)} > 0$$

故 $i \to k$.

定义 6.1.6　若 $i \to j, j \to i$，则称状态 i 与状态 j 互通，记为 $i \leftrightarrow j$. 即若状态 i 与状态 j 互通，则存在 $m > 0, n > 0$，使得

$$p_{ij}^{(m)} > 0, \quad p_{ji}^{(n)} > 0$$

定理 6.1.5　互通关系是等价关系，即互通关系具有反身性、对称性和传递性.

基于互通关系的等价性，我们将所有与状态 i 互通的状态集合记为 $C(i)$，显然 $C(i)$ 是一个等价类.

2. 周期性

周期性是影响马尔科夫链极限分布的状态属性之一.

定义 6.1.7 设马尔科夫链的状态空间为 I，$i \in I$，如集合 $\{n : p_{ii}^{(n)} > 0, n \geq 1\}$ 非空，则称该集合的最大公约数 $d_i = \mathrm{GCD}\{n : p_{ii}^{(n)} > 0, n \geq 1\}$ 为状态 i 的周期.

如 $d_i > 1$ 就称 i 为周期的，如 $d_i = 1$ 就称 i 为非周期的.

关于周期，马尔科夫链具有如下概率性质.

定理 6.1.6 如 i 的周期为 d，则

（1）$n \neq kd$ 时，$p_{ii}^{(n)} = 0$；

（2）存在正整数 M，对一切 $n \geq M$，有 $p_{ii}^{(nd)} > 0$.（证明略）

定理 6.1.7 如果 $i \leftrightarrow j$，则 i 与 j 有相同的周期.

证明 设 i 的周期为 d，j 的周期为 t .

由于 $i \leftrightarrow j$，故存在 $m > 0$ 和 $n > 0$，使得

$$p_{ij}^{(m)} = \alpha > 0, \quad p_{ji}^{(n)} = \beta > 0$$

由 C-K 方程，总有

$$p_{ii}^{(m+n)} = \sum_{l \in I} p_{il}^{(m)} p_{lj}^{(n)} \geq p_{ij}^{(m)} p_{ji}^{(n)} = \alpha\beta > 0 \tag{6.11}$$

根据式（6.11），d 可整除 $m+n$.

若对任意一个 k，$p_{jj}^{(k)} > 0$，则有

$$p_{ii}^{(k+m+n)} = \sum_{i_1, i_2 \in I} p_{ii_1}^{(m)} p_{i_1 i_2}^{(n)} p_{i_2 j}^{(k)} \geq p_{ij}^{(m)} p_{ji}^{(n)} p_{jj}^{(k)} = \alpha\beta p_{jj}^{(k)} > 0 \tag{6.12}$$

所以 d 可整除 $m+n+k$，从而 d 可整除 k，这说明 $d \leq t$.

由于 i 与 j 关系是对称的，同样可证得 $t \leq d$，因而 $d = t$.

3. 常返性

状态的常返性是影响马尔科夫链极限分布的又一个重要属性.

如果自状态 i 出发一定还会返回 i（以概率 1 返回 i），状态 i 的这种性质称为常返性，并称 i 是常返的；若自状态 i 出发，不能以概率 1 返回 i，则称状态 i 为非常返的.

为了准确定义常返性，需要引入首达概率的概念.

定义 6.1.8 称

$$f_{ij}^{(n)} = P(X_n = j, X_k \neq j, 1 \leq k \leq n-1 \mid X_0 = i)$$

为自状态 i 出发，经 n 步首次到达 j 的概率，也称首达概率.

有了首达概率，可以进一步定义 $f_{ij} = \sum_{n=1}^{+\infty} f_{ij}^{(n)}$ 为自状态 i 出发，迟早到达 j 的概率；

$f_{ii} = \sum_{n=1}^{+\infty} f_{ii}^{(n)}$ 为自状态 i 出发，迟早返回 i 的概率.

显然，$f_{ij}^{(1)} = p_{ij}^{(1)}$，并且为了方便，规定 $f_{ij}^{(0)} = 0$，$i, j \in I$.

定义 6.1.9 若 $f_{ii} = 1$，则称状态 i 为常返的；若 $f_{ii} < 1$，则称状态 i 为非常返的.

下面进一步给出转移概率和首达概率之间的关系.

定理 6.1.8　对任意状态 i,j 及 $1\le n<+\infty$，有

$$p_{ij}^{(n)}=\sum_{k=1}^{n}f_{ij}^{(k)}p_{jj}^{(n-k)}\tag{6.13}$$

证明

$$p_{ij}^{(n)}=P(X_n=j\,|\,X_0=i)=\sum_{k=1}^{n}P(X_\nu\ne j,1\le\nu\le k-1,X_k=j,X_n=j\,|\,X_0=i)$$

$$=\sum_{k=1}^{n}P(X_k=j,X_\nu\ne j,1\le\nu\le k-1\,|\,X_0=i)\bullet P(X_n=j\,|\,X_0=i,X_\nu\ne j,1\le\nu\le k-1,X_k=j)$$

$$=\sum_{k=1}^{n}f_{ij}^{(n)}\bullet P(X_n=j\,|\,X_k=j)$$

$$=\sum_{k=1}^{n}f_{ij}^{(k)}p_{jj}^{(n-k)}$$

式（6.13）和 C-K 方程构成研究马尔科夫链的两个最关键的公式.

根据定理 6.1.8，可以得到由 $f_{ii}^{(n)}$ 判别周期的方法.

定理 6.1.9　$\mathrm{GCD}\{n:p_{ii}^{(n)}>0,n\ge1\}=\mathrm{GCD}\{n:f_{ii}^{(n)}>0,n\ge1\}$.（证明略）

根据定理 6.1.8，还可以得到由 $p_{ii}^{(n)}$ 判别状态 i 常返性的方法.

定理 6.1.10　状态 i 常返的充要条件为 $\sum_{n=0}^{+\infty}p_{ii}^{(n)}=+\infty$.（证明略）

为了考虑状态属性对马尔科夫链极限分布的影响，对于常返状态还需要进一步分类.

当 i 为常返态时，由于

$$\sum_{n=1}^{+\infty}f_{ii}^{(n)}=1$$

所以 $\{f_{ii}^{(n)},n=1,2,\cdots\}$ 称为一分布律.

若 T 表示从 i 出发首次回到 i 所用的步数，则 T 的分布律恰为

$$P(T=n)=f_{ii}^{(n)}\quad(n=1,2,\cdots)$$

其数学期望

$$E(T)=\sum_{n=1}^{+\infty}nf_{ii}^{(n)}$$

表示由 i 出发返回 i 的平均返回时间.

定义 6.1.10　设 i 是常返态，称

$$\mu_i=\sum_{n=1}^{+\infty}nf_{ii}^{(n)}\tag{6.14}$$

为由 i 出发返回 i 的平均返回时间.

如 $\mu_i<+\infty$，则称 i 为正常返的；如 $\mu_i=+\infty$，则称 i 为零常返的.

不加证明，我们给出在不同的状态属性下，状态自返概率极限的如下结论.

定理 6.1.11　若 i 为常返的，周期为 d，则

$$\lim_{n\to+\infty}p_{ii}^{(nd)}=\frac{d}{\mu_i}$$

其中 μ_i 为由 i 出发返回 i 的平均返回时间.

根据定理 6.1.11, 并综合前面有关周期、常返属性对于 $p_{ii}^{(n)}$ 及其极限的影响的相关定理, 可以推出 $\lim\limits_{n \to +\infty} p_{ii}^{(n)}$ 的如下结论.

推论 6.1.1　（1）若 i 为非常返的, 则 $\lim\limits_{n \to +\infty} p_{ii}^{(n)} = 0$.

（2）若 i 为常返的, 则

①i 为零常返的充要条件为 $\lim\limits_{n \to +\infty} p_{ii}^{(n)} = 0$；

②i 为正常返且有周期的充要条件为 $\lim\limits_{n \to +\infty} p_{ii}^{(n)}$ 不存在；

③i 为正常返且非周期的充要条件为 $\lim\limits_{n \to +\infty} p_{ii}^{(n)} = \dfrac{1}{\mu_i} > 0$.

我们把非周期正常返态称为遍历状态.

推论表明, 只有遍历状态 i, 才有极限 $\lim\limits_{n \to +\infty} p_{ii}^{(n)} > 0$.

例 6.1.6　考虑无限制随机游动, 质点在数轴的整点上做随机游动, 每次移动一格. 向右移动概率为 p, 向左移动概率为 q $(p + q = 1)$, $X(n)$ 表示质点在 n 时所处的位置, 讨论状态 0 的常返性.

解　$p_{00}^{(n)} = C_{2m}^m p^m q^m$ $(n = 2m)$,　$p_{00}^{(n)} = 0$　$(n \neq 2m)$

由斯特林（Stirling）公式得 $n \to +\infty$ 时,

$$n! \sim \sqrt{2\pi n}\, n^n \mathrm{e}^{-n}$$

则

$$C_{2m}^m = \frac{(2m)!}{(m!)^2} \sim \frac{4^m}{\sqrt{\pi m}}$$

所以 $\sum\limits_{n=0}^{+\infty} p_{00}^{(n)}$ 与 $\sum\limits_{m=1}^{+\infty} \dfrac{(4pq)^m}{\sqrt{\pi m}}$ 具有相同的敛散性.

（1）$p \neq q$ 时, $4pq < 1$, 且

$$\sum_{m=1}^{+\infty} \frac{(4pq)^m}{\sqrt{\pi m}} < +\infty$$

根据定理 6.1.10, 此时状态 0 为非常返.

（2）$p = q = \dfrac{1}{2}$ 时, $4pq = 1$, 且

$$\sum_{m=1}^{+\infty} \frac{(4pq)^m}{\sqrt{\pi m}} = \sum_{m=1}^{+\infty} \frac{1}{\sqrt{\pi m}} = +\infty$$

根据定理 6.1.10, 此时状态 0 为常返.

又因为

$$\lim_{m \to +\infty} p_{ii}^{(2m)} = \lim_{m \to +\infty} \frac{1}{\sqrt{\pi m}} = 0$$

$$p_{11}^{(n)} = 0 \quad (n \neq 2m)$$

所以

$$\lim_{n \to +\infty} p_{ii}^{(n)} = 0$$

根据定理 6.1.11 的推论,此时状态 0 为零常返.

定理 6.1.12　若 $i \leftrightarrow j$,则

(1)i 与 j 同为常返或非常返;

(2)若为常返,则它们同为正常返或零常返.

证明　(1)由于 $i \leftrightarrow j$,故存在 $m > 0$ 和 $n > 0$,使得

$$p_{ij}^{(m)} = \alpha > 0, p_{ji}^{(n)} = \beta > 0$$

由 C-K 方程,总有

$$p_{ii}^{(k+m+n)} = \sum_{i_1, i_2 \in I} p_{ii_1}^{(m)} p_{i_1 i_2}^{(n)} p_{i_2 j}^{(k)} \geqslant p_{ij}^{(m)} p_{ji}^{(n)} p_{jj}^{(k)} = \alpha \beta p_{jj}^{(k)} \tag{6.15}$$

所以

$$\sum_{k=1}^{+\infty} p_{ii}^{(k+m+n)} \geqslant \alpha \beta \sum_{k=1}^{+\infty} p_{jj}^{(k)} \tag{6.16}$$

若 j 常返,根据定理 6.1.10,有

$$\sum_{k=1}^{+\infty} p_{jj}^{(k)} = +\infty$$

由式(6.16),则必有

$$\sum_{k=1}^{+\infty} p_{ii}^{(k+m+n)} = +\infty$$

即 i 也为常返的.

由于 i 与 j 关系是对称的,同样可证得若 i 常返,则 j 也为常返的.

(2)i, j 为常返,对式(6.15)两边同时令 $k \to +\infty$ 取极限.

根据定理 6.1.11 的推论,若 i 为零常返,有

$$\lim_{k \to \infty} p_{ii}^{(k+m+n)} = 0$$

由式(6.15),则必有

$$\lim_{k \to +\infty} p_{jj}^{(k)} = 0$$

即 j 也为零常返.

由于 i 与 j 关系是对称的,同样可证得若 j 为零常返,则 i 也为零常返的.

在例 6.1.6 中,由于各状态也是互通的,所以所有的状态都和状态 0 具有相同的常返性质.

6.1.4　状态空间的分解

互通的状态具有相同的周期和常返属性,为了更好地讨论转移概率的极限,我们将马尔科夫链的状态空间按互通关系进行分类.

定义 6.1.11　C 为马尔科夫链状态空间 I 的子集, 若对任意 $i \in C$ 及 $k \notin C$,都有

$$p_{ik} = 0$$

称 C 为状态空间 I 的闭集.

定理 6.1.13 C 为状态空间 I 的闭集,则对任意 $n \geqslant 1$, $i \in C$ 及 $k \notin C$,都有

$$p_{ik}^{(n)} = 0$$

证明 由闭集定义知,当 $n=1$ 时,结论显然成立.

采用归纳法,设对 $n-1$,对任意 $i \in C$ 及 $k \notin C$,都有 $p_{ik}^{(n-1)} = 0$.

那么,对于 n 及任意 $i \in C$, $k \notin C$,有

$$\begin{aligned}
p_{ik}^{(n)} &= \sum_{j \in I} p_{ij} p_{jk}^{(n-1)} \qquad （由 C\text{-}K 方程）\\
&= \sum_{j \in C} p_{ij} p_{jk}^{(n-1)} + \sum_{j \notin C} p_{ij} p_{jk}^{(n-1)} \\
&= \sum_{j \in C} p_{ij} \cdot 0 + \sum_{j \notin C} 0 \cdot p_{ij}^{(n-1)} = 0
\end{aligned}$$

根据定理 6.1.13,对 $i \in C$,有

$$\sum_{k \in C} p_{ik} = 1 \tag{6.17}$$

和

$$\sum_{k \in C} p_{ik}^{(n)} = 1 \tag{6.18}$$

所以,闭集 C 中状态对应的转移概率子矩阵 $(p_{ik})_{i,k \in C}$ 是随机矩阵,n 步转移概率子矩阵 $(p_{ik}^{(n)})_{i,k \in C}$ 也是随机矩阵.

引理 6.1.1 若 $i \to j$,但 $f_{ji} < 1$,则 i 必为非常返态.

证明 因为若 $i \to j$,则存在 $k > 0$,使 $p_{ij}^{(k)} > 0$.

记从 i 出发到达 j 需要的最少步数为 m,则

$$m = \min\{k : p_{ij}^{(k)} > 0, k > 0\}$$

那么,在到达 j 之前必须 $m-1$ 次经过其他状态 $i_1, i_2, \cdots, i_{m-1}$,使得

$$p_{ii_1} p_{i_1 i_2} \cdots p_{i_{m-1} j} > 0$$

上面的每个 $i_k \neq j$,并且 $i_k \neq i$(否则会存在更小的步数 m).

$$\begin{aligned}
P\{不再返回 i \mid X_0 = i\} &= P\{X_n \neq i, n \geqslant 1 \mid X_0 = i\} \\
&\geqslant P\{X_1 = i_1, \cdots, X_{m-1} = i_{m-1}; X_m = j; X_n \neq i; n > m \mid X_0 = i\} \\
&= p_{ii_1} p_{i_1 i_2} \cdots p_{i_{m-1} j} P\{X_n \neq i, n > m \mid X_m = j\} \\
&= p_{ii_1} p_{i_1 i_2} \cdots p_{i_{m-1} j} (1 - f_{ji}) > 0
\end{aligned}$$

所以,$f_{ii} = P\{迟早返回 i \mid X_0 = i\} < 1$,从而 i 必为非常返态.

根据引理 6.1.1,容易得到如下定理.

定理 6.1.14 若 i 为常返态,且 $i \to j$,则

(1) $f_{ij} = 1, f_{ji} = 1$;

(2) $i \leftrightarrow j$;

(3) j 也是常返态.

定义 6.1.12　C 为马尔科夫链状态空间 I 的闭集,若 C 中任意两个状态都是互通的,称 C 为状态空间 I 的不可约子集或不可约闭集.

特别地,若 I 中任意两个状态都是互通的,则称该马尔科夫链是不可约的.

例 6.1.7　若 i 是马尔科夫链的常返态,$C = \{ j : i \to j, j \in I \}$. 证明:$C$ 是不可约的闭集,且 C 中元素都是常返态.

证明　因为 i 是常返态,所以 $i \in C$,故 $C \neq \varnothing$. 对任意 $k, l \in C$,则有 $i \to k, i \to l$.

根据定理 6.1.14 得 $i \leftrightarrow k, i \leftrightarrow l$,所以 $k \leftrightarrow l$,从而 C 是不可约的,且 C 中元素都是常返态. 由 C 的构造易知 C 是闭集.

定理 6.1.15(状态空间分解定理)　任一马尔科夫链的状态空间 I,可唯一地分解成有限个或可列个互不相交的子集 D, $C_1, C_2, \cdots$ 之和,即

$$I = D + C_1 + C_2 + \cdots$$

其中 D 由全体非常返态组成,每一 C_n 是常返态组成的不可约闭集.

证明　首先将状态空间按各状态的常返性分解为

$$I = D + C$$

其中 C 为全体常返状态组成的集合,$D = I - C$ 为非常返状态全体.

任取 $i_1 \in C$,令 $C_1 = \{ j, i_1 \to j \}$,由例 6.1.7 知 C_1 是不可约常返闭集;再取 $i_2 \in C - C_1$,令 $C_2 = \{ j, i_2 \to j \}$,同理 C_2 也是不可约常返闭集;重复此过程,可将状态空间分解为

$$I = D \cup C_1 \cup C_2 \cup \cdots$$

注 1　自 D 中的状态有可能转移到某个 C_n 中的状态;但自 C_n 中的状态不可能转移到 D 中的状态或 C_m($m \neq n$)中的状态. 事实上,如果将 C_n 看作一个独立的状态空间,以状态空间的转移概率构成转移概率矩阵,则可构造出一个新的马尔科夫链,并且由于 C_n 中的状态都是互通的,可知该马尔科夫链是不可约的.

注 2　同一 C_n 中的任意 i, j 有 $f_{ij} = 1$,且所有的状态具有相同的周期,同为正常返或零常返.

注 3　对于不可约马尔科夫链,根据该定理,或者它的所有状态都是非常返的,或者都是常返的,前者称为不可约非常返链,后者称为不可约常返链.

下面定理给出了上述两种情况的一个判别法(详细证明可参见复旦大学编《概率论》第三册).

定理 6.1.16　不可约链是常返的充要条件是下列方程组没有非零有界解:

$$Z_i = \sum_{j=1}^{+\infty} p_{ij} Z_j \quad (i = 1, 2, \cdots)$$

例 6.1.8(续例 6.1.2)　带有一个吸收壁的随机游动.

状态空间 $I = \{ 0, 1, 2, \cdots \}$ 可分解为 $D = \{ 1, 2, \cdots \}, C = \{ 0 \}$. 状态 0 是正常返非周期的,$C$ 是闭集,C 中的状态不能到达 D,因此 I 不是不可约的,状态 1 不是常返的. 事实上,若 1 是常返的,由 $1 \to 0$,就有 $0 \to 1$,这是不可能的,于是 $\{ 1, 2, \cdots \}$ 为非常返的.

于是 I 可分解为 $I = \{ 0 \} \cup \{ 1, 2, \cdots \}$.

例 6.1.9（续例 6.1.4） 带有一个反射壁的随机游动.

该马尔科夫链的状态空间为 $I = \{0,1,2,\cdots\}$ ，一步转移概率为

$$p_{i,i+1} = p(i = 0,1,2,\cdots), \; p_{i,i-1} = q = 1 - p(i = 1,2,\cdots), \; p_{00} = q(0 < p < 1)$$

由于每个状态都可达，故此链不可约，为了确定该马尔科夫链是否常返，由定理 6.1.16，可得

$$Z_1 = p_{12}Z_2 = pZ_2, \; Z_i = qZ_{i-1} + pZ_{i+1} \quad (i = 2,3,\cdots)$$

或

$$Z_2 - Z_1 = \frac{q}{p}Z_1, \; Z_{i+1} - Z_i = \frac{q}{p}(Z_i - Z_{i-1})$$

由此可得

$$Z_{i+1} - Z_i = (q/p)^i Z_1 \quad (i = 1,2,\cdots)$$

各式相加得

$$Z_i = \frac{1 - (q/p)^i}{1 - (q/p)} Z_1 \quad (i = 1,2,\cdots)$$

若 $p > q$ ，则 $\{Z_i\}$ 为非零有界解，此时链非常返. 若 $p \leq q$ ，则 $\{Z_i\}$ 无界，没有非零解，此时链常返.

6.1.5　$p_{ij}^{(n)}$ 渐近性质与平稳分布

现在我们考虑转移概率的极限 $\lim\limits_{n \to +\infty} p_{ij}^{(n)}$.

定义 6.1.13 若马尔科夫链的转移概率极限

$$\lim_{n \to +\infty} p_{ij}^{(n)} = a_j$$

存在，且与 i 无关，同时满足

$$\sum_{j \in I} a_j = 1$$

则称 $\{a_j, j \in I\}$ 为马尔科夫链的极限分布.

我们给出关于 $\lim\limits_{n \to +\infty} p_{ij}^{(n)}$ 的结论如下.

定理 6.1.17

（1）如 j 非常返或零常返，则 $\lim\limits_{n \to +\infty} p_{ij}^{(n)} = 0$；

（2）如 j 是正常返，但周期 $d > 1$ ，则 $\lim\limits_{n \to +\infty} p_{ij}^{(n)}$ 不存在；

（3）如 j 是正常返，且周期 $d = 1$ ，则 $\lim\limits_{n \to +\infty} p_{ij}^{(n)} = \frac{f_{ij}}{\mu_j}$，特别 i, j 互通时，$\lim\limits_{n \to +\infty} p_{ij}^{(n)} = \frac{1}{\mu_j}$.

证明　（1）由定理 6.1.8，对任意固定的 $N < n$ ，有

$$p_{ij}^{(n)} = \sum_{k=1}^{n} f_{ij}^{(k)} p_{jj}^{(n-k)} \leq \sum_{k=1}^{N} f_{ij}^{(k)} p_{jj}^{(n-k)} + \sum_{k=N+1}^{n} f_{ij}^{(k)}$$

上式令 $n \to +\infty$ ，并注意到定理 6.1.11 的推论，j 非常返或零常返时，有

$$\lim_{n \to +\infty} p_{jj}^{(n)} = 0$$

所以上式右边第一项趋于 0;

再令 $N \to +\infty$,上式右边第二项因 $\sum_{k=1}^{n} f_{ij}^{(k)} \leq 1$ 而趋于 0,故

$$\lim_{n \to +\infty} p_{ij}^{(n)} = 0$$

(2)由定理 6.1.11 的推论知,如 j 是正常返,但周期 $d > 1$,则 $\lim_{n \to +\infty} p_{jj}^{(n)}$ 不存在,所以 $\lim_{n \to +\infty} p_{ij}^{(n)}$ 不存在.

(3)由定理 6.1.8,对任意固定的 $N < n$,有

$$\sum_{k=1}^{N} f_{ij}^{(k)} p_{jj}^{(n-k)} \leq p_{ij}^{(n)} = \sum_{k=1}^{n} f_{ij}^{(k)} p_{jj}^{(n-k)} \leq \sum_{k=1}^{N} f_{ij}^{(k)} p_{jj}^{(n-k)} + \sum_{k=N+1}^{n} f_{ij}^{(k)}$$

上式令 $n \to +\infty$,并注意到定理 6.1.11 的推论,j 是正常返,且非周期,则 $\lim_{n \to +\infty} p_{jj}^{(n)} = \dfrac{1}{\mu_j}$,得

$$\frac{1}{\mu_j} \sum_{k=1}^{N} f_{ij}^{(k)} \leq p_{ij}^{(n)} \leq \frac{1}{\mu_j} \sum_{k=1}^{N} f_{ij}^{(k)} + \sum_{k=N+1}^{n} f_{ij}^{(k)}$$

再令 $N \to +\infty$,右边第二项因 $\sum_{k=1}^{n} f_{ij}^{(k)} \leq 1$ 而趋于 0,故

$$\lim_{n \to +\infty} p_{ij}^{(n)} = \frac{f_{ij}}{\mu_j}$$

特别当 i, j 互通时,由于为正常返,由定理 6.1.14 知 $f_{ij} = 1$,故 $\lim_{n \to +\infty} p_{ij}^{(n)} = \dfrac{1}{\mu_j}$.

根据定理 6.1.17,求 $\lim_{n \to +\infty} p_{ij}^{(n)}$ 需要先判别状态的周期和常返性,下面的结论对于常返性的判别是很有帮助的.

推论 6.1.2 不可约的有限闭集中,所有状态必为正常返的.

证明 设 $C = \{i_1, i_2, \cdots, i_m\}$ 是马尔科夫链不可约的闭子集.

因为 C 是闭子集,根据式(6.18),对任意 $i \in C$,有

$$\sum_{k=1}^{m} p_{ii_k}^{(n)} = 1 \tag{6.19}$$

又因为 C 是不可约的闭子集,C 中所有状态的常返属性相同.

如果全是非常返或零常返,由定理 6.1.17 知

$$p_{ii_k}^{(n)} \to 0 \quad (n \to +\infty)$$

对式(6.19)两边令 $n \to +\infty$ 时,得到

$$0 = 1$$

这就产生了矛盾,所以 C 中所有状态全是正常返的.

定理 6.1.18 虽然给出了 $\lim_{n \to +\infty} p_{ij}^{(n)}$ 的结论,但是当 j 为遍历态时,$\lim_{n \to +\infty} p_{ij}^{(n)}$ 还依赖于 j 的平均返回时间 μ_j,而 μ_j 的计算往往非常困难.为了方便地计算出 $\lim_{n \to +\infty} p_{ij}^{(n)}$,我们引入平稳

分布.

定义 6.1.14　称概率分布 $\{\pi_j, j \in I\}$ 为马尔科夫链的平稳分布,若它满足

$$\begin{cases} \pi_j = \sum_{i \in I} \pi_i p_{ij} \\ \sum_{j \in I} \pi_j = 1 \qquad (\pi_j \geq 0) \end{cases} \tag{6.20}$$

注 1　若记向量 $\boldsymbol{\pi} = (\pi_j, j \in I)$,则定义中的式(6.20)可以用矩阵等价地表示为

$$\boldsymbol{\pi} = \boldsymbol{\pi} \boldsymbol{P} \tag{6.21}$$

由此还可得

$$\boldsymbol{\pi} = \boldsymbol{\pi} \boldsymbol{P}^n \tag{6.22}$$

注 2　如果马尔科夫链在某时刻(设 m 时)进入平稳分布,则

$$\boldsymbol{\pi}(m+n) = \boldsymbol{\pi}(m) \boldsymbol{P}^n = \boldsymbol{\pi} \boldsymbol{P} \cdot \boldsymbol{P} \cdots \cdot \boldsymbol{P} = \boldsymbol{\pi}$$

也就是马尔科夫链在此后的任意时刻分布都是平稳分布.

这也是平稳分布名称的由来.

定理 6.1.19　若马尔科夫链是不可约、非周期的,则以下 3 个命题是等价的:

(1)该链为正常返;

(2)该链存在极限分布;

(3)该链存在平稳分布 $\{\pi_j, j \in I\}$.

且当上述分布存在时,极限分布 $\{\frac{1}{\mu_j}, j \in I\}$ 就是平稳分布,即

$$\pi_j = \frac{1}{\mu_j}, j \in I$$

证明　$(2) \Rightarrow (1)$

若该链存在极限分布,则

$$\lim_{n \to +\infty} p_{ij}^{(n)} = a_j$$

存在,且与 i 无关,那么

$$\lim_{n \to +\infty} p_{jj}^{(n)} = a_j$$

又因为

$$\sum_{j \in I} a_j = 1$$

则必存在一个 k ,使

$$\lim_{n \to +\infty} p_{kk}^{(n)} = a_k > 0$$

根据定理 6.1.11 的推论, k 为正常返的,从而该不可约链为正常返链.

$(3) \Rightarrow (1)$

设 $\{\pi_j, j \in I\}$ 是平稳分布,有

$$\sum_{j \in I} \pi_j = 1$$

则必存在一个 $\pi_k > 0$,由式(6.22)有

$$\pi_k = \sum_{i \in I} \pi_i p_{ik}^{(n)} \tag{6.23}$$

对式（6.23）令 $n \to +\infty$，因为

$$\sum_{i \in I} \pi_i = 1$$

故求极限与求和可交换顺序.

若 k 为非常返或零常返，则

$$\pi_k = \lim_{n \to +\infty} \sum_{i \in I} \pi_i p_{ik}^{(n)} = \sum_{i \in I} \pi_i \lim_{n \to +\infty} p_{ik}^{(n)} = 0$$

得到矛盾. 所以，k 为正常返态，从而该不可约链为正常返链.

（1）$\Rightarrow$（2）

设马尔科夫链是正常返，于是由定理 6.1.17，即

$$\lim_{n \to +\infty} p_{ij}^{(n)} = \frac{f_{ij}}{\mu_j} = \frac{1}{\mu_j} > 0$$

对任意整数 N，有

$$\sum_{j=1}^{N} p_{ij}^{(n)} \leqslant \sum_{j \in I} p_{ij}^{(n)} = 1$$

上式令 $n \to +\infty$，得

$$\sum_{j=1}^{N} \frac{1}{\mu_j} \leqslant 1$$

上式令 $N \to +\infty$，得

$$\sum_{j \in I} \frac{1}{\mu_j} \leqslant 1 \tag{6.24}$$

由 C-K 方程，对任意整数 N，有

$$p_{ij}^{(n+m)} = \sum_{k \in I} p_{ik}^{(n)} p_{kj}^{(m)} \geqslant \sum_{k=0}^{N} p_{ik}^{(n)} p_{kj}^{(m)}$$

上式先令 $n \to +\infty$，得

$$\frac{1}{\mu_j} \geqslant \sum_{k=0}^{N} \frac{1}{\mu_k} p_{kj}^{(m)}$$

对上式再令 $N \to +\infty$，得

$$\frac{1}{\mu_j} \geqslant \sum_{k \in I} \frac{1}{\mu_k} p_{kj}^{(m)} \tag{6.25}$$

下面要进一步证明对于每一个 j，式（6.25）的等号成立.

反证，若存在某个整数 $M \geqslant 1$，使

$$\frac{1}{\mu_M} > \sum_{k \in I} \frac{1}{\mu_k} p_{kM}^{(m)} \tag{6.26}$$

对式（6.25）两边求和，由式（6.24）知 $\sum_{j \in I} \dfrac{1}{\mu_j}$ 是收敛的，并注意到式（6.26），所以有

$$\sum_{j \in I} \frac{1}{\mu_j} > \sum_{j \in I} \sum_{k \in I} \frac{1}{\mu_k} p_{kj}^{(m)} = \sum_{k \in I} \sum_{j \in I} \frac{1}{\mu_k} p_{kj}^{(m)} = \sum_{k \in I} \frac{1}{\mu_k}$$

这是一个矛盾不等式.

因此,对于每一个 j ,式(6.25)的等号成立,即

$$\frac{1}{\mu_j} = \sum_{k\in I} \frac{1}{\mu_k} p_{kj}^{(m)} \tag{6.27}$$

式(6.27)中令 $m=1$,得

$$\frac{1}{\mu_j} = \sum_{k\in I} \frac{1}{\mu_k} p_{kj} \tag{6.28}$$

式(6.27)中令 $m \to +\infty$ 取极限,由式(6.24)知求极限和求级数可以交换次序,得

$$\frac{1}{\mu_j} = \sum_{k\in I} \frac{1}{\mu_k} (\lim_{n\to+\infty} p_{kj}^{(n)}) = \frac{1}{\mu_j} \sum_{k\in I} \frac{1}{\mu_k}$$

故有

$$\sum_{k\in I} \frac{1}{\mu_k} = 1 \tag{6.29}$$

由式(6.29)知 , $\{\frac{1}{\mu_j}, j\in I\}$ 是马尔科夫链的极限分布.

(1) $\Rightarrow$ (3)

由式(6.28)和式(6.29)知 , $\{\frac{1}{\mu_j}, j\in I\}$ 也是马尔科夫链的平稳分布,且有

$$\pi_j = \frac{1}{\mu_j}, j\in I$$

推论 6.1.3 若马尔科夫链是不可约非周期的, 且有平稳分布 $\{\pi_j, j\in I\}$,则

$$\lim_{n\to+\infty} \pi_j(n) = \lim_{n\to+\infty} P\{X_n = j\} = \frac{1}{\mu_j} = \pi_j$$

证明 因为

$$\pi_j(n) = \sum_{i\in I} \pi_i(0) p_{ij}^{(n)} \tag{6.30}$$

对式(6.30)两边取极限,并由定理 6.1.18,得

$$\lim_{n\to+\infty} \pi_j(n) = \lim_{n\to+\infty} \sum_{i\in I} \pi_i(0) p_{ij}^{(n)} = \sum_{i\in I} \pi_i(0) \lim_{n\to+\infty} p_{ij}^{(n)} = \frac{1}{\mu_j} \sum_{i\in I} \pi_i(0) = \frac{1}{\mu_j} = \pi_j$$

对于有限不可约的马尔科夫链,有如下结论.

推论 6.1.4 有限状态的不可约非周期马尔科夫链,必存在平稳分布,且平稳分布即为极限分布.

证明 由定理 6.1.18 知,此马尔科夫链所有状态都是正常返态,再由定理 6.1.19 知必存在平稳分布,且平稳分布即为极限分布.

例 6.1.10(续例 6.1.9) 带有一个反射壁的随机游动.

在例 6.1.9 中,我们已经得到,当 $p \leq q$ 时,该链是常返的.进一步判断在常返时是正常返还是零常返,现在来考察何时具有平稳分布.

由 $\pi_0 = \sum_{i=0}^{+\infty} \pi_i p_{i0} = q\pi_0 + q\pi_1$, $\pi_j = \sum_{i=0}^{+\infty} \pi_i p_{ij} = p\pi_{j-1} + q\pi_{j+1} (j=1,2,\cdots)$,即有

$$\pi_1 = \frac{p}{q}\pi_0,\ \pi_{j+1} - \pi_j = \frac{p}{q}(\pi_j - \pi_{j-1})\quad (j=1,2,\cdots)$$

由此解得

$$\pi_j = \left(\frac{p}{q}\right)^j \pi_0 \quad (j=1,2,\cdots)$$

只要 $\pi_0 \geq 0$，就有 $\pi_j \geq 0$，再由 $\sum\limits_{j=0}^{+\infty}\pi_j = 1$，则有

$$[1 + p/q + (p/q)^2 + \cdots]\pi_0 = 1$$

如果 $p = q = \dfrac{1}{2}$，上式括号中级数发散，于是不存在平稳分布，此时链是零常返的.

如果 $p < q$，则有

$$\pi_0 = \left(\frac{1}{1-p/q}\right)^{-1} = 1 - \frac{p}{q} > 0,\ \ \pi_j = (1-p/q)(p/q)^j \quad (j=1,2,\cdots)$$

此时，存在平稳分布 $\{\pi_j, j=0,1,2,\cdots\}$，于是链是正常返的，又因为链是非周期的，故此时链是遍历的.

综上所述，对于带有一个反射壁的随机游动，有：$p > q \Leftrightarrow$ 链是非常返的；$p = q \Leftrightarrow$ 链是零常返的；$p < q \Leftrightarrow$ 链是正常返的.

例 6.1.11　带有两个反射壁的随机游动，其转移概率矩阵为

$$\boldsymbol{P} = \begin{array}{c} \\ 1 \\ 2 \\ 3 \\ 4 \\ 5 \end{array}\begin{array}{c} \begin{array}{ccccc} 1 & 2 & 3 & 4 & 5 \end{array} \\ \begin{bmatrix} 0 & 1 & 0 & 0 & 0 \\ 1/3 & 1/3 & 1/3 & 0 & 0 \\ 0 & 1/3 & 1/3 & 1/3 & 0 \\ 0 & 0 & 1/3 & 1/3 & 1/3 \\ 0 & 0 & 0 & 1 & 0 \end{bmatrix}\end{array}$$

求其极限分布.

解　这是一个不可约非周期有限状态的马尔科夫链，所以必有平稳分布

$$\boldsymbol{\pi} = \boldsymbol{\pi P}$$

即

$$(\pi_1, \pi_2, \cdots, \pi_5) = (\pi_1, \pi_2, \cdots, \pi_5)\begin{bmatrix} 0 & 1 & 0 & 0 & 0 \\ 1/3 & 1/3 & 1/3 & 0 & 0 \\ 0 & 1/3 & 1/3 & 1/3 & 0 \\ 0 & 0 & 1/3 & 1/3 & 1/3 \\ 0 & 0 & 0 & 1 & 0 \end{bmatrix}$$

得

$$\begin{cases} \pi_1 = 1/3\pi_2 \\ \pi_2 = \pi_1 + 1/3\pi_2 + 3/\pi_3 \\ \pi_3 = 1/3\pi_2 + 1/3\pi_3 + 1/3\pi_4 \\ \pi_4 = 1/3\pi_3 + 1/3\pi_4 + \pi_5 \\ \pi_5 = 1/3\pi_4 \\ \pi_1 + \pi_2 + \pi_3 + \pi_4 + \pi_5 = 1 \end{cases}$$

由前四个方程解得

$$3\pi_1 = \pi_2 = \pi_3 = \pi_4 = 3\pi_5$$

代入最后一个方程（归一条件），得唯一解为

$$\pi_1 = \pi_5 = 1/11, \pi_2 = \pi_3 = \pi_4 = 3/11$$

所以，极限分布为

$$\boldsymbol{\pi} = (1/11, 3/11, 3/11, 3/11, 1/11)$$

这个分布表明，经过长时间游动之后，位于点 2（或 3，4）的概率约为 3/11，位于点 1（或 5）的概率约为 1/11.

一般可约马尔科夫链中的 $\lim\limits_{n \to +\infty} p_{ij}^{(n)}$ 分析. 对于不可约马尔科夫链，通过平稳分布比较好地解决了极限分布 $\lim\limits_{n \to +\infty} p_{ij}^{(n)}$ 问题. 若马尔科夫链是可约的，则需要先对马尔科夫链的状态空间进行分解，然后再讨论 $\lim\limits_{n \to +\infty} p_{ij}^{(n)}$. 设一般马尔科夫链状态空间可先分解为 $I = D + C_1 + C_2 + C_3 + \cdots$，其中 D 是非常返集，$C_1, C_2, C_3, \cdots$ 是不可约常返闭集. 常返闭集中有三类：零常返集、正常返周期 $d > 1$、正常返非周期. 不妨假定 C_1, C_2, C_3 分别为零常返集、正常返周期 $d > 1$、正常返非周期，则有以下情况.

（1）$j \in D \cup C_1$ 时，$\lim\limits_{n \to +\infty} p_{ij}^{(n)} = 0$，$i \in I$.

（2）$j \in C_2$ 时，$\lim\limits_{n \to +\infty} p_{ij}^{(n)}$ 不存在，$i \in I$.

（3）$j \in C_3$ 时，

①$i \in C_3$ 时，解 C_3 对应的平稳分布即得 π_j，即

$$\lim_{n \to +\infty} p_{ij}^{(n)} = \pi_j = \frac{1}{\mu_j}$$

②$i \in C_k, k \neq 3$（i, j 属于不同的常返集）时，$p_{ij} = 0$；

③$i \in D$ 时，则利用下面的方法求极限，即

$$p_{ij}^{(n)} = \sum_{k \in D} p_{ik} p_{kj}^{(n-1)} + \sum_{k \in C_3} p_{ik} p_{kj}^{(n-1)}$$

$$\lim_{n \to +\infty} p_{ij}^{(n)} = \sum_{k \in D} p_{ik} \lim_{n \to +\infty} p_{kj}^{(n)} + \frac{1}{\mu_j} \sum_{k \in C_3} p_{ik}$$

以上我们研究了马尔科夫链这种最简单的马尔科夫过程，下面我们研究一般的马尔科夫过程，即随机过程 $\{X(t), t \in T\}$，$T = [0, \infty]$，状态空间 $E = \mathbf{R}$.

定义 6.1.15　若任意 $s_1 < s_2 < \cdots < s_n < t \in T$，$X(t)$ 关于 $X(s_1)$，$X(s_2)$，$\cdots$，$X(s_n)$，$X(s)$ 的

条件分布恰好等于 $X(t)$ 关于 $X(s)$ 的条件分布,即

$$P\{X(t)\leqslant y|X(s)=x,X(s_n)=x_n,\cdots,X(s_1)=x_1\}$$
$$= P\{X(t)\leqslant y|X(s)=x\} \tag{6.31}$$

就称过程 $X(t)$ 具有马尔科夫性,称 $X(t)$ 为马尔科夫过程.

容易看出,这里定义的马尔科夫过程是马尔科夫链的一般化.

式(6.31)右端常记为 $F(s,x;t,y)$,称为转移概率分布函数,即

$$F(s,x;t,y)=P\{X(t)\leqslant y|X(s)=x\}$$

其中 $s<t\in T,x\in\mathbf{R},y\in\mathbf{R}$.

关于 $F(s,x;t,y)$,有:

(1)当 s,x,t 固定时, $F(s,x;t,y)$ 是一分布函数,即对 y 单调不减,右连续,而且
$$\lim_{y\to-\infty}F(s,x;t,y)=0$$
$$\lim_{y\to+\infty}F(s,x;t,y)=1$$

(2)当 s,t,y 固定时, $F(s,x;t,y)$ 是 x 的波莱尔可测函数;

(3) $F(s,x;t,y)$ 满足 K-C 方程,对任意固定的 $0\leqslant s<u<t$ 及 x,y 有

$$F(s,x;t,y)=\int_{-\infty}^{+\infty}F(u,z;t,y)\mathrm{d}_zF(s,x;u,z) \tag{6.32}$$

(4)当 $t=s$ 时,规定

$$F(s,x;s,y)=\eta(x,y)=\begin{cases}0, & x>y\\1, & x\leqslant y\end{cases} \tag{6.33}$$

转移概率是马尔科夫过程的重要特征,它在很大程度上决定了过程的运动形态,因此在实际问题中,在判断某随机过程是马尔科夫过程之后,如何求出 $F(s,x;t,y)$ 就成为主要的问题.

6.2　连续时间马尔科夫链与泊松过程

上一节最后提到,对 $F(s,x;t,y)$ 做不同的假定就得到不同的马尔科夫过程,本节我们讨论跳跃型过程和其中的一类重要过程——泊松过程.

6.2.1　跳跃型马尔科夫过程

连续时间马尔科夫链又称跳跃型马尔科夫过程,它是指系统开始处于某一状态中不变,直到某一时刻状态立即发生跳跃而达到一个新的状态,此后系统又停留在这个状态中不变,直到又发生新的跳跃,这样不断重复下去.下面我们给出严格的定义.

定义 6.2.1　$\{X(t),t\in T\}$ 是马尔科夫过程,它的转移概率分布函数 $F(s,x;t,y)$ 除满足前面所述性质(1)(2)(3)(4)外,还假定满足连续性条件

$$\lim_{s\to t-0}F(s,x;t,y)=\lim_{t\to s+0}F(s,x;t,y)=\eta(x,y)=\begin{cases}0,x>y\\1,x\leqslant y\end{cases}$$

如进一步假定 $F(s,x;t,y)$ 还满足

$$(t,x;t+\Delta t,y)=(1-q(t,x)\Delta t)\eta(x,y)+q(t,x)\Delta tQ(t,x;y)+o(\Delta t) \tag{6.34}$$

就称 $X(t)$ 为跳跃型马尔科夫过程.

其中, $q(t,x)$ 称为跳跃强度函数, $q(t,x)$ 非负; $Q(t,x;y)$ 称为条件分布函数,关于 y 单调不减,右连续,且 $Q(t,x;-\infty)=0,Q(t,x;+\infty)=1$,而且关于 y,在 $y=x$ 连续.

式(6.34)的直观意义是在 $X(t)=x$ 时,系统在 $(t,t+\Delta t)$ 中将以概率 $1-q(t,x)\Delta t+o(\Delta t)$ 停留在状态 x,以概率 $q(t,x)\Delta t+o(\Delta t)$ 发生跳跃;如果发生跳跃,则 $X(t+\Delta t)$ 的分布由分布函数 $Q(t,x;y)+o(1)$ 给出.

若 $q(t,x)$ 和 $Q(t,x;y)$ 都与 t 无关,相应的跳跃型马尔科夫过程就称为齐次的.

下面我们讨论这种类型中的一个重要过程——泊松过程.泊松过程是一个时间连续、状态离散的计数过程,最早是由法国著名数学家泊松提出的,随后广泛应用于自然科学和经济管理等领域.

定义 6.2.2 若 $X(t)$ 表示到时刻 t 为止某事件 A 发生的总次数,那么随机过程 $\{X(t),t\geq 0\}$ 称为计数过程.

显然,当 $s<t$ 时, $X(t)-X(s)$ 表示 $(s,t]$ 时间内"事件 t"发生的次数.

泊松过程是一个特殊的计数过程.

定义 6.2.3 若计数过程 $\{X(t),t\geq 0\}$ 满足下列条件:

(1) $X(0)=0$;

(2) $X(t)$ 是独立增量过程;

(3)对任意 $s,t>0$, n 在区间 $(s,s+t]$ 上的增量 $X(s+t)-X(s)$ 服从参数 $\lambda t>0$ 的泊松分布,

则称计数过程 $\{X(t),t\geq 0\}$ 为具有参数 $\lambda>0$ 的齐次泊松过程.

定义中, $X(0)=0$ 表示记数从 0 时开始, $X(t)=X(t)-X(0)$.

从泊松分布定义的条件(3)不难看出,泊松过程在区间 $[s,s+t]$ 上的增量分布只与区间长度有关,而与区间起点 s 无关,也就是说事件在任何时段发生的频率是一样的,所以泊松过程还是一个平稳增量过程,这也是"齐次"的含义.

$E[X(s+t)-X(s)]=\lambda t$ 表示"事件 A"在长度为 t 的时间内平均发生的次数,而 $\dfrac{E[X(s+t)-X(s)]}{t}=\lambda$ 表示单位时间内"事件 A"平均发生的次数. 故称 λ 为该泊松过程的"事件 A"发生速率或强度,简称泊松过程的强度,也称"事件 A"的到达率.

简单地说,泊松过程是一个独立增量、平稳增量且增量 $X(s+t)-X(s)\sim P(\lambda t)$ 的计数过程.

一个计数过程是否具有独立增量和平稳增量的性质,通过过程的实际背景是可以判断的,但一个过程的增量分布是否为泊松分布,这个判别起来较为困难,所以我们给出泊松过程的如下定义.

定义 6.2.4 若计数过程 $\{X(t),t\geq 0\}$ 满足下列条件:

（1）$X(0) = 0$；

（2）$X(t)$ 是独立增量过程；

（3）$P\{X(t+h) - X(t) = 1\} = \lambda h + o(h)$，$P\{X(t+h) - X(t) \geq 2\} = o(h)$，

则称计数过程 $\{X(t), t \geq 0\}$ 为具有参数 $\lambda > 0$ 的齐次泊松过程.

定义 6.2.4 中，不需要准确判别增量服从什么分布，只需要判别"在一个很小时间段内事件发生一次的概率是否和时间成正比，而发生多次的概率几乎不可能"即可. 相对而言，这个性质比较容易判定，而且许多实际的过程可以认为符合这个性质，所以很多计数过程都可以用泊松过程来描述.

注意到定义 6.2.4 的条件（3）中，在区间 $[t, t+h]$ 内发生一次和多次的概率也只与区间长度 h 有关，而与区间起点 t 无关，所以定义 6.2.4 的过程也应该蕴含过程平稳增量的性质. 这点在下面的证明中可以得到确定.

我们来证明，定义 6.2.4 和定义 6.2.3 是等价的.

定理 6.2.1　定义 6.2.4 和定义 6.2.3 是等价的.

证明　两个定理中的（1）和（2）相同，所以只需证明条件（3）的等价性.

先证明若过程符合定义 6.2.3，则定义 6.2.4 中的条件（3）成立.

对充分小的 $\{X(t), t \geq 0\}$，由定义 6.2.3 中的条件（3），有

$$P\{X(t+h) - X(t) = 0\} = e^{-\lambda h}$$

$$P\{X(t+h) - X(t) = 1\} = \lambda h e^{-\lambda h}$$

由于 $h \to 0$ 时，$e^{-\lambda h} - 1 \sim -\lambda h$，$\lambda h e^{-\lambda h} \sim \lambda h$，故

$$P\{X(t+h) - X(t) = 0\} = 1 - \lambda h + o(h)$$

$$P\{X(t+h) - X(t) = 1\} = \lambda h + o(h)$$

而

$$P\{X(t+h) - X(t) \geq 2\} = 1 - P\{X(t+h) - X(t) = 1\} - P\{X(t+h) - X(t) = 0\} = o(h)$$

故若符合定义 6.2.3，则定义 6.2.4 中的条件（3）成立.

再证明若过程符合定义 6.2.4，则定义 6.2.3 中的条件（3）成立.

对固定的 $s > 0$，记

$$P_n(t) = P\{X(s+t) - X(s) = n\} \quad (t > 0) \tag{6.35}$$

对充分小的 h，有

$$\begin{aligned} P_0(t+h) &= P\{X(s+t+h) - X(s) = 0\} \\ &= P\{X(s+t+h) - X(s+t) = 0\} P\{X(s+t) - X(s) = 0\} \\ &= [1 - \lambda h + o(h)] P_0(t) \end{aligned}$$

故

$$\frac{P_0(t+h) - P_0(t)}{h} = -\lambda P_0(t) + \frac{o(h)}{h} P_0(t)$$

上式令 $h \to 0$ 取极限，得

$$P_0'(t) = -\lambda P_0(t)$$

考虑边界条件 $P_0(0) = 0$，得

$$P_0(t) = e^{-\lambda t} \tag{6.36}$$

当 $n \geq 1$ 时,有

$$\frac{P_0(t+h) - P_0(t)}{h} = -\lambda P_0(t) + \frac{o(h)}{h} \quad P_0'(t) = -\lambda P_0(t) = e^{-\lambda t}$$

$$P_n(t+h) = P\{X(s+t+h) - X(s) = n\}$$
$$= P\{X(s+t+h) - X(s+t) = 0, X(s+t) - X(s) = n\} +$$
$$P\{X(s+t+h) - X(s+t) = 1, X(s+t) - X(s) = n-1\}$$

$$\sum_{j=2}^{n} P\{X(s+t+h) - X(s+t) = j, X(s+t) - X(s) = n-j\}$$

$$= (1 - \lambda h)P_n(t) + \lambda h P_{n-1}(t) + o(h)$$

上式利用了定义 6.2.4 中的条件(3)、式(6.35)及过程的独立增量性质. 于是

$$\frac{P_n(t+h) - P_n(t)}{h} = -\lambda P_n(t) + \lambda P_{n-1}(t) + \frac{o(h)}{h}$$

上式令 $h \to 0$ 取极限,得

$$P_n'(t) = -\lambda P_n(t) + \lambda P_{n-1}(t)$$

移项并两边同乘 $e^{\lambda t}$,得

$$e^{\lambda t}[P_n'(t) + \lambda P_n(t)] = \lambda e^{\lambda t} P_{n-1}(t)$$

因此

$$\frac{d}{dt}[e^{\lambda t} P_n(t)] = \lambda e^{\lambda t} P_{n-1}(t) \tag{6.37}$$

当 $n = 1$ 时,有

$$\frac{d}{dt}[e^{\lambda t} P_1(t)] = \lambda e^{\lambda t} P_0(t) = \lambda$$

$$P_1(t) = (\lambda t + c)e^{-\lambda t}$$

注意到 $P_1(0) = 0$,得

$$P_1(t) = \lambda t e^{-\lambda t} \tag{6.38}$$

下面用数学归纳法证明,对于任意 n,有

$$P_n(t) = e^{-\lambda t} \frac{(\lambda t)^n}{n!} \tag{6.39}$$

假设 $n-1$ 时,式(6.39)成立,根据式(6.37),有

$$\frac{d}{dt}[e^{\lambda t} P_n(t)] = \lambda e^{\lambda t} P_{n-1}(t) = \lambda e^{\lambda t} e^{-\lambda t} \frac{(\lambda t)^{n-1}}{(n-1)!} = \frac{\lambda(\lambda t)^{n-1}}{(n-1)!}$$

积分得

$$e^{\lambda t} P_n(t) = \frac{(\lambda t)^n}{n!} + c$$

注意到 $n > 1$ 时,$P_n(0) = P\{X(0) = n\} = 0$,代入上式,得

$$P_n(t) = \frac{(\lambda t)^n}{n!} e^{-\lambda t}$$

即 $X(s+t)-X(s)$ 服从参数 $\lambda t > 0$ 的泊松分布(注意到增量分布和 s 无关,所以也是平稳增量过程).

故若过程符合定义 6.2.4,则定义 6.2.3 中的条件(3)成立.

例 6.2.1 Poisson 过程 $\{X(t),\ t \geq 0\}$ 是齐次跳跃型马尔科夫过程.

由 $X(0)=0$ 和增量的独立性,知 $X(t+\Delta t)-X(t)$ 与 $X(t)$ 独立,即

$$F(t,x;t+\Delta t,y) = P\{X(t+\Delta t) \leq y \mid X(t) = x\}$$

$$= \sum_{i=0}^{[y]} P\{X(t+\Delta t) = i \mid X(t) = x\}$$

$$= \sum_{i=0}^{[y]} P\{X(t+\Delta t) - X(t) = i - x \mid X(t) = x\}$$

$$= \sum_{i=0}^{[y]} P\{X(t+\Delta t) - X(t) = i - x\}$$

当 $y < x$ 时,$i \leq [y] < x, i-x < 0$,故上式为 0.

当 $y \geq x$ 时,

上式 $= P\{X(t+\Delta t) - X(t) = 0\} + P\{X(t+\Delta t) - X(t) = 1\} +$

$$\sum_{l=2}^{[y]-x} P\{X(t+\Delta t) - X(t) = l\}$$

$$= \mathrm{e}^{-\lambda\Delta t} + \mathrm{e}^{-\lambda\Delta t}\lambda\Delta t + \sum_{l=2}^{[y]-x} \mathrm{e}^{-\lambda\Delta t}\frac{(\lambda\Delta t)^l}{l!}$$

$$= 1 - \lambda\Delta t + o(\Delta t) + (1-\lambda\Delta t)\lambda\Delta t + o(\Delta t)$$

$$= [1 - \lambda\Delta t] + \lambda\Delta t + o(\Delta t)$$

这说明系统在 $(t, t+\Delta t)$ 中以概率 $1 - \lambda\Delta t + o(\Delta t)$ 停留在 x,以概率 $\lambda\Delta t + o(\Delta t)$ 发生跳跃. 在发生跳跃的条件下,系统以概率 $1 + o(1)$ 进入 $x+1$. 这是由于

$$P\{X(t+\Delta t) - X(t) = 1 \mid X(t+\Delta t) - X(t) \geq 1\}$$

$$= P\{X(t+\Delta t) - X(t) = 1\} / P\{X(t+\Delta t) - X(t) \geq 1\}$$

$$= [\lambda\Delta t + o(\Delta t)] / [\lambda\Delta t + o(\Delta t)]$$

$$= 1 + o(\Delta t)$$

于是

$$q(t,x) = \lambda$$

$$Q(t,x;y) = \begin{cases} 1, & y \geq x \\ 0, & y < x \end{cases}$$

由于 $q(t,x) = \lambda, Q(t,x;y)$ 都不依赖于 t,所以可知泊松过程是齐次跳跃型马尔科夫过程.

6.2.2 泊松过程的性质

这里我们讨论齐次泊松过程的主要性质,包括数字特征、重要分布和重要的条件分布.

1. 泊松过程的数字特征

定理 6.2.2 $\{X(t),\ t \geq 0\}$ 是参数为 λ 的齐次泊松过程,则有

（1）均值函数 $m(t) = E[X(t)] = \lambda t$;

（2）方差函数 $D(t) = D[X(t)] = \lambda t$;

（3）协方差函数 $B(s,t) = Cov(s,t) = \lambda \min(s,t)$;

（4）自相关函数 $R(s,t) = \lambda \min(s,t) + \lambda st$.

证明　由于 $X(t) = P(\lambda t)$, 故 $m(t) = E[X(t)] = \lambda t$, $D(t) = D[X(t)] = \lambda t$. 从而（1）、（2）成立.

设 $s < t$, 有

$$B(s,t) = Cov(s,t) = Cov(X(s), X(t))$$
$$= Cov(X(s), X(t) - X(s) + X(s))$$
$$= 0 + D(X(s)) = \lambda s$$

所以, 协方差函数

$$B(s,t) = \lambda \min(s,t)$$

从而, 自相关函数

$$R(s,t) = \lambda \min(s,t) + \lambda st$$

2. 泊松过程中的几个重要分布

随机过程的确定是指有限维分布的确定, 我们首先讨论泊松过程的有限维分布.

定理 6.2.3　$\{X(t), t \geq 0\}$ 是参数为 λ 的泊松过程, 则 $X(t)$ 的有限维分布为

$$P\{X(t_1) = k_1, X(t_2) = k_2, \cdots, X(t_n) = k_n\}$$
$$= \frac{(\lambda t_1)^{k_1}}{k_1!} e^{\lambda t_1} \prod_{i=2}^{n} \frac{[\lambda(t_i - t_{i-1})]^{k_i - k_{i-1}}}{(k_i - k_{i-1})!} e^{-\lambda(t_i - t_{i-1})}$$

其中 $0 < t_1 < \cdots < t_n$.

证明　利用齐次泊松过程的独立增量和平稳增量性质, 有

$$P\{X(t_1) = k_1, X(t_2) = k_2, \cdots, X(t_n) = k_n\}$$
$$= P\{X(t_1) = k_1, X(t_2) - X(t_1) = k_2 - k_1, \cdots, X(t_n) - X(t_{n-1}) = k_n - k_{n-1}\}$$
$$= P\{X(t_1) = k_1\} P\{X(t_2) - X(t_1) = k_2 - k_1\} \cdots P\{X(t_n) - X(t_{n-1}) = k_n - k_{n-1}\}$$
$$= \frac{(\lambda t_1)^{k_1}}{k_1!} e^{\lambda t_1} \prod_{i=2}^{n} \frac{[\lambda(t_i - t_{i-1})]^{k_i - k_{i-1}}}{(k_i - k_{i-1})!} e^{-\lambda(t_i - t_{i-1})}$$

下面进一步研究事件之间时间间隔的分布问题.

设 $\{X(t), t \geq 0\}$ 是具有参数 λ 的泊松过程, W_n 为第 n 个事件的到达时间, $T_n = W_n - W_{n-1}$ 为第 n 个相邻两个事件发生的时间间隔. 显然有

$$W_1 = T_1 , \quad W_n = \sum_{i=1}^{n} T_i \tag{6.40}$$

定理 6.2.4　设 $\{X(t), t \geq 0\}$ 是具有参数 λ 的泊松过程, $\{T_n, n \geq 1\}$ 是对应的时间间隔序列, 则随机变量 $T_n(n = 1, 2, \cdots)$ 服从独立同分布的均值为 $1/\lambda$ 的指数分布.

证明　给定一个时点 $t > 0$ 事件 $\{T_1 \geq t\}$ 表示泊松过程在时间区间 $[0, t]$ 内没有事件发生, 于是

$$P\{T_1 \geq t\} = P\{X(t) = 0\} = e^{-\lambda t}$$

即 T_1 服从均值为 $1/\lambda$ 的指数分布.

又

$$P\{T_2 > t | T_1 = s\} = P\{X(s+t) - X(s) = 0 | T_1 = s\} = P\{X(s+t) - X(s) = 0\} = e^{-\lambda t}$$

注意,这个条件分布为指数分布且与 s 无关,所以 T_2 也是服从参数为 $1/\lambda$ 的指数分布,且与 T_1 独立.

同理,对于任意的 $n > 1$ 和 t,$s_1, s_2, \cdots, s_{n-1} \geq 0$,有

$$P\{T_n > t | T_1 = s_1, T_2 = s_2, \cdots, T_{n-1} = s_{n-1}\}$$
$$= P\{X(s_1 + s_2 + \cdots + s_{n-1} + t) - X(s_1 + s_2 + \cdots + s_{n-1}) = 0 | T_1 = s_1, T_2 = s_2, \cdots, T_{n-1} = s_{n-1}\}$$
$$= P\{X(s_1 + s_2 + \cdots + s_{n-1} + t) - X(s_1 + s_2 + \cdots + s_{n-1}) = 0\}$$
$$= e^{-\lambda t}$$

注意,这个条件分布为指数分布且与 $s_1, s_2, \cdots, s_{n-1}$ 无关,所以 $T_n (n \geq 1)$ 服从参数为 $1/\lambda$ 的指数分布,且与 $T_1, T_2, \cdots, T_{n-1}$ 相互独立.

齐次泊松过程的间隔时间服从指数分布,而指数分布又具有无记忆性. 于是,对任何时点而言,下一个事件什么时候发生与前一个事件已经发生多久是没有关系的,就像从等待的这个时点新开始一个计数过程一样. 这一点显然与齐次泊松过程独立增量以及平稳增量的性质是一致的.

有了时间间隔 $\{T_n, n \geq 1\}$ 的分布,可以进一步给出事件到达时间 W_n 的分布.

定理 6.2.5 设 $\{W_n, n \geq 1\}$ 是参数为 λ 的泊松过程 $\{X(t), \ t \geq 0\}$ 的一个到达时间序列,则 W_n 服从参数为 n 与 λ 的 Γ 分布,其概率密度为

$$f_{W_n}(t) = \begin{cases} \lambda e^{-\lambda t} \dfrac{(\lambda t)^{n-1}}{(n-1)!}, & t \geq 0 \\ 0, & t < 0 \end{cases} \tag{6.41}$$

证明 注意到第 n 个事件在时刻 t 之前发生当且仅当到时间 t 已发生的事件数目至少是 n,即

$$W_n \leq t \Leftrightarrow X(t) \geq n$$

因此

$$F_{W_n}(t) = P\{W_n \leq t\} = P\{X(t) \geq n\} = \sum_{j=n}^{+\infty} e^{-\lambda t} \frac{(\lambda t)^{j-1}}{(j-1)!}$$

$$f_{W_n}(t) = F_{W_n}{}'(t) = \lambda e^{-\lambda t} \frac{(\lambda t)^{n-1}}{(n-1)!} \quad (t \geq 0)$$

式（6.41）又称为爱尔兰分布.

由于 $W_n = \sum_{i=1}^{n} T_i$,所以有 n 个相互独立且服从指数分布的随机变量和服从阶数为 n 的爱尔兰分布. 而一阶爱尔兰分布 $W_1 = T_1$ 就是指数分布.

上述结果在泊松过程的统计推断问题中发挥着重要作用.

一方面,上述结果提供了对泊松过程参数 λ 的估计方法. 如果在事先确定的时间 t 内对一泊松过程进行观测,那么依据计数 $N(t)$ 服从参数为 λt 的泊松分布这一事实,用 $N(t)$ 来构造 λ 的点估计和区间估计. 这时可以利用直到第 n 个事件发生的等待时间 W_n 具有 "$2\lambda W_n$ 分别服从自由度为 $2n$ 的 χ^2 分布" 这一性质得到 W_1 的一个置信度为 $1-\alpha$ 的置信区间.

另一方面,上述结果还提供了比较两个泊松过程是否相同的方法:设 $\{X_1(t), t \in T\}$ 和 $\{X_2(t), t \in T\}$ 分别是具有参数 λ_1 和 λ_2 的泊松过程,为验证 λ_1 和 λ_2 是否相等,设 n_1 和 n_2 是整数, W_{n_1} 和 W_{n_2} 分别是 $\{X_1(t), t \in T\}$ 和 $\{X_2(t), t \in T\}$ 中第 n_1 和 n_2 个事件的等待时间,这时 $2\lambda_1 W_{n_1}$ 和 $2\lambda_2 W_{n_2}$ 分别服从自由度为 $2n_1$ 和 $2n_2$ 的 χ^2 分布,故在假设 $\lambda_1 = \lambda_2$ 的情况下, $\dfrac{\lambda_1 W_{n_1}}{\lambda_2 W_{n_2}}$ 服从自由度为 $(2n_1, 2n_2)$ 的 F 分布,从而得到假设 $\lambda_1 = \lambda_2$ 的一个显著性检验. 这个方法的一个十分重要的应用场景是检验一个泊松事件序列的两个不同部分是否具有相同的强度.

除齐次泊松过程外,还有多种泊松过程的变形,如非齐次泊松过程、复合泊松过程、滤过泊松过程等,它们在工程和系统分析中有着重要作用.

6.3 连续马尔科夫过程与布朗运动

扩散过程是时间连续、状态空间也连续的马尔科夫过程,这类过程起源于物理学中对微粒的随机扩散运动(如布朗运动)的研究,与跳跃型过程不同,扩散过程中的质点在任一个很短的时间间隔内都可能发生位移,而且位移很小. 因而,可以想象在一定条件下扩散过程的轨道是连续函数.

为了给出扩散过程的数学模型,设 $\{X(t), t \geq 0\}$ 是马尔科夫过程,转移概率分布函数为 $F(s, x; t, y)$. 假定过程在时刻 t 位于 x ,即 $X(t) = x$,我们考察在 $[t, t+\Delta t]$ 中状态的变化 $X(t, t+\Delta t) - X(t)$,由于要求轨道是连续的,即当 Δt 很小时, $X(t, t+\Delta t) - X(t)$ 也应当很小,用式子表示就是对任意 $\delta > 0$,有

$$\lim_{\Delta t \to 0} P\{|X(t+\Delta t) - X(t)| > \delta \mid X(t) = x\} = 0$$

或用转移概率分布函数表示为

$$\lim_{\Delta t \to 0} \int_{|y-x| > \delta} \mathrm{d}_y F(t, x; t+\Delta t, y) = 0$$

一般要求较强的条件,对任意 $\delta > 0$, $\Delta t > 0$,有

$$\lim_{\Delta t \to 0} \int_{|y-x| \geq \delta} \mathrm{d}_y F(t, x; t+\Delta t, y)$$

$$= \lim_{\Delta t \to 0} \frac{1}{\Delta t} \int_{|y-x| \geq \delta} \mathrm{d}_y F(t, x; t+\Delta t, y) = 0 \tag{6.42}$$

$$\lim_{\Delta t \to 0} \frac{1}{\Delta t} \int_{|y-x| < \delta} (y-x) \mathrm{d}_y F(t, x; t+\Delta t, y)$$

$$= \lim_{\Delta t \to 0} \frac{1}{\Delta t} \int_{|y-x| < \delta} (y-x) \mathrm{d}_y F(t-\Delta t, x; t, y) = a(t, x) \tag{6.43}$$

$$\lim_{\Delta t \to 0} \frac{1}{\Delta t} \int_{|y-x|<\delta} (y-x)^2 \mathrm{d}_y F(t,x;t+\Delta t,y)$$

$$= \lim_{\Delta t \to 0} \frac{1}{\Delta t} \int_{|y-x|<\delta} (y-x)^2 \mathrm{d}_y F(t-\Delta t,x;t,y) = b(t,x) \qquad (6.44)$$

定义 6.3.1 满足式（6.42）、式（6.43）和式（6.44）的马尔科夫过程为扩散过程,其中 $a(t,x)$ 称为偏移系数, $b(t,x)$ 称为扩散系数.

式（6.42）表示于 t 时刻自 x 出发的质点,经 Δt 后跑出 x 的邻域 $(x-\delta, x+\delta)$ 的概率是比 Δt 更高阶的无穷小,不论区间的半径 $\delta > 0$ 多么小. 这描述了质点在很短时间内不能得到很大的位移.

在式（6.42）下,定义中的 $a(t,x)$ 不依赖于 δ. 事实上,如 $0 < \delta_1 < \delta_2$, 由式（6.42）, 令 $\Delta t \to 0$, 有

$$\left| \frac{1}{\Delta t} \int_{|y-x|<\delta_1} (y-x)\mathrm{d}F_y(t,x;t+\Delta t,y) - \frac{1}{\Delta t} \int_{|y-x|<\delta_2} (y-x)\mathrm{d}F_y(t,x;t+\Delta t,y) \right|$$

$$= \left| \frac{1}{\Delta t} \int_{\delta_1 \le |y-x| \le \delta_2} (y-x)\mathrm{d}F_y(t,x;t+\Delta t,y) \right|$$

$$\le \frac{\delta_2}{\Delta t} \int_{|y-x| \ge \delta_1} \mathrm{d}F_y(t,x;t+\Delta t,y) \to 0$$

对 $b(t,x)$ 也可同样证明不依赖于 δ. 为说明 $a(t,x)$, $b(t,x)$ 的概率意义,我们进一步假设

$$\lim_{\delta \to 0} \frac{1}{\Delta t} \int_{|y-x| \ge \delta} (y-x)^2 \mathrm{d}_y F(t,x;t+\Delta t,y) = 0 \qquad (6.45)$$

由施瓦茨不等式及式（6.45）可得

$$\lim_{\Delta t \to 0} \frac{1}{\Delta t} \int_{|y-x| \ge \delta} (y-x) \, \mathrm{d}_y F(t,x;t+\Delta t,y) = 0 \qquad (6.46)$$

由式（6.43）和式（6.44）可得

$$\lim_{\Delta t \to 0} \frac{1}{\Delta t} \int_{-\infty}^{+\infty} (y-x) \, \mathrm{d}_y F(t,x;t+\Delta t,y) = a(t,x) \qquad (6.47)$$

$$\lim_{\Delta t \to 0} \frac{1}{\Delta t} \int_{-\infty}^{+\infty} (y-x)^2 \mathrm{d}_y F(t,x;t+\Delta t,y) = b(t,x) \qquad (6.48)$$

在 $X(t) = x$ 条件下,有

$$\int_{-\infty}^{+\infty} (y-x)\mathrm{d}_y F(t,x;t+\Delta t,y) = E[X(t+\Delta t) - X(t)]$$

$$\int_{-\infty}^{+\infty} (y-x)^2 \mathrm{d}_y F(t,x;t+\Delta t,y) = E[X(t+\Delta t) - X(t)^2]$$

所以,式（6.47）、式（6.48）表示 $a(t,x)$ 为在 t 时自 x 出发的质点的瞬时平均速度,而 $b(t,x)$ 则与在 t 时自 x 出发的质点的瞬时平均动能成正比.

扩散过程的一个重要特例是布朗运动. 布朗运动因 1827 年苏格兰生物学家布朗发现水中的花粉及其他悬浮的微小颗粒不停地做不规则的曲线运动而得名. 随后许多学者对布朗运动的成因进行了长期的研究. 它的第一个数学解释是爱因斯坦在 1905 年首次从物理定律中导出的,1918 年维纳给出了该运动的严格数学描述,因此布朗运动又称维纳过程.

定义 6.3.2 若随机过程 $\{B(t), t \ge 0\}$ 满足下列条件:

（1）$B(0) = 0$；

（2）具有平稳增量、独立增量；

（3）$t > 0, B(t) \sim N(0, \ \sigma^2 t)$,

则称 $\{B(t), t \geqslant 0\}$ 是始于 0 的方差参数为 σ^2 的布朗运动（或维纳过程）. $\sigma^2 = 1$ 时，称为标准布朗运动（或标准维纳过程）.

定义 6.3.2 中的 $B(0) = 0$，表示布朗运动的初始由原点出发.

根据平稳增量的性质知，参数为 σ^2 的布朗运动的增量服从正态分布，即

$$B(t) - B(s) \sim N(0, \ \sigma^2 (t-s)) \quad (s < t)$$

我们还可以定义初始由任意点出发的布朗运动.

定义 6.3.3 若随机过程 $\{B(t), t \geqslant 0\}$ 满足下列条件：

（1）$B(0) = a$；

（2）具有平稳增量、独立增量；

（3）$s < t, B(t) - B(s) \sim N(0, \ \sigma^2 (t-s))$,

则称 $\{B(t), t \geqslant 0\}$ 是始于 a 的方差参数为 σ^2 的布朗运动（或维纳过程）.

始于 a 的方差参数为 σ^2 的布朗运动 $B(t)$ 的一维分布为

$$B(t) = B(t) - B(0) + a \sim N(a, \ \sigma^2 t)$$

显然，若 $\{B(t), t \geqslant 0\}$ 是始于 a 的布朗运动，则 $B(t) - a$ 是始于 0 的布朗运动，故我们只需研究始于 0 的布朗运动.

我们还注意到，始于 0 和始于 a 的布朗运动，其增量分布都是一样的，即

$$B(t) - B(s) \sim N(0, \ \sigma^2 (t-s)) \quad (s < t)$$

下面证明布朗运动是扩散过程.

设 $B(0) = 0$，由布朗运动的独立增量特性知，$\{B(t), t \geqslant 0\}$ 是马尔科夫过程. 又

$$
\begin{aligned}
F(s, x; t, y) &= P\{B(t) \leqslant y \,|\, B(s) = x\} \\
&= P\{B(t) - B(s) \leqslant y - x \,|\, B(s) - B(0) = x\} \\
&= P\{B(t) - B(s) \leqslant y - x\} \\
&= \frac{1}{\sigma \sqrt{2\pi(t-s)}} \int_{-\infty}^{y-x} e^{-u^2/[2\sigma^2(t-s)]} du \\
&\stackrel{u=v-x}{=} \frac{1}{\sigma \sqrt{2\pi(t-s)}} \int_{-\infty}^{y} e^{-(v-x)^2/[2\sigma^2(t-s)]} dv
\end{aligned}
$$

对应式（6.42），有

$$
\begin{aligned}
&\lim_{\Delta t \to 0} \frac{1}{\Delta t} \int_{|y-x| \geqslant \delta} d_y F(t, x; t + \Delta t, y) \\
&= \lim_{\Delta t \to 0} \frac{1}{\Delta t} \int_{|y-x| \geqslant \delta} \frac{1}{\sigma \sqrt{2\pi \Delta t}} e^{-(y-x)^2/[2\sigma^2 \Delta t]} dy \\
&\leqslant \lim_{\Delta t \to 0} \frac{1}{\Delta t} \frac{1}{\delta^4} \int_{|y-x| \geqslant \delta} (y-x)^4 \frac{1}{\sigma \sqrt{2\pi \Delta t}} e^{-(y-x)^2/[2\sigma^2 \Delta t]} dy
\end{aligned}
$$

$$\leqslant \lim_{\Delta t \to 0} \frac{1}{\Delta t} \frac{1}{\delta^4} \int_{-\infty}^{+\infty} (y-x)^4 \frac{1}{\sigma\sqrt{2\pi\Delta t}} \mathrm{e}^{-(y-x)^2/[2\sigma^2\Delta t]} \mathrm{d}y$$

$$= \lim_{\Delta t \to 0} \frac{1}{\Delta t} \frac{1}{\delta^4} 3\sigma^4 (\Delta t)^2 = 0$$

对应式（6.43），有

$$\lim_{\Delta t \to 0} \frac{1}{\Delta t} \int_{|y-x|<\delta} (y-x) \frac{1}{\sigma\sqrt{2\pi\Delta t}} \mathrm{e}^{-(y-x)^2/[2\sigma^2\Delta t]} \mathrm{d}y = 0$$

即 $a(t,x)=0$.

对应式（6.44），有

$$\lim_{\Delta t \to 0} \frac{1}{\Delta t} \int_{|y-x|<\delta} (y-x)^2 \frac{1}{\sigma\sqrt{2\pi\Delta t}} \mathrm{e}^{-(y-x)^2/[2\sigma^2\Delta t]} \mathrm{d}y$$

$$= \lim_{\Delta t \to 0} \frac{1}{\Delta t} \int_{-\infty}^{+\infty} (y-x)^2 \frac{1}{\sigma\sqrt{2\pi\Delta t}} \mathrm{e}^{-(y-x)^2/[2\sigma^2\Delta t]} \mathrm{d}y = \sigma^2$$

即 $b(t,x)=\sigma^2$.

式（6.45）可用类似式（6.42）的方法来证明，所以 $B(t)$ 是扩散过程.

例 6.3.1　设 $\{B(t),t \geqslant 0\}$ 是始于 0 的方差参数为 σ^2 的维纳过程，求均值函数和自相关函数.

解　由定义 6.3.1 知

$$B(t) \sim N(0,\sigma^2 t)$$

所以均值函数 $E[B(t)]=0$.

对 $s \leqslant t$，有

$$B(t)-B(s) \sim N(0,\ \sigma^2(t-s))$$

$$R_B(s,t) = E[B(s)B(t)] = Cov[B(s),B(t)]$$

$$= Cov\{B(s)-B(0),[B(t)-B(s)+B(s)-B(0)]\}$$

$$= D[B(s)] \quad （因为 B(t) 是独立增量）$$

$$= \sigma^2 s$$

同样可得对 $s > t$，有

$$R_B(s,t) = \sigma^2 t$$

所以自相关函数为

$$R_B(s,t) = \sigma^2 \min(s,t) \tag{6.49}$$

例 6.3.2　证明布朗运动 $\{B(t),t \geqslant 0\}$ 是马尔科夫过程.

证明　设布朗运动始于 a，对任意 $0 < t_1 < \cdots < t_n < t_{n+1}$，有

$$P\{B(t_{n+1}) \leqslant x \mid B(t_1)=x_1,\cdots,B(t_{n-1})=x_{n-1},B(t_n)=x_n\}$$

$$= P\{B(t_{n+1})-B(t_n) \leqslant x-x_n \mid B(t_1)-B(0)=x_1-a,\cdots,B(t_n)-B(t_{n-1})=x_n-x_{n-1}\}$$

$$= P\{B(t_{n+1})-B(t_n) \leqslant x-x_n\} \quad （根据独立增量性）$$

又

$$P\{B(t_{n+1}) \leqslant x \mid B(t_n)=x_n\}$$

$$= P\{B(t_{n+1}) - B(t_n) \leq x - x_n \mid B(t_n) - B(0) = x_n - a\}$$

$$= P\{B(t_{n+1}) - B(t_n) \leq x - x_n\} \quad （根据独立增量性）$$

$$P\{B(t_{n+1}) \leq x \mid B(t_1) = x_1, \cdots, B(t_n) = x_n\} = P\{B(t_{n+1}) \leq x \mid B(t_n) = x_n\}$$

所以 $\{B(t), t \geq 0\}$ 为马尔科夫过程.

事实上可以证明,任一独立增量过程一定是马尔科夫过程.

定理 6.3.1 设 $\{B(t), t \geq 0\}$ 是始于 a 的布朗运动,则对任意 $0 < t_1 < t_2 < \cdots < t_n$, $(B(t_1), B(t_2), \cdots, B(t_n))$ 的有限维联合概率密度为

$$f_{t_1, \cdots, t_n}(x_1, \cdots, x_n) = f_{t_1}(x_1 - a) f_{t_2 - t_1}(x_2 - x_1) \cdots f_{t_n - t_{n-1}}(x_n - x_{n-1}) \tag{6.50}$$

其中

$$f_t(x) = \frac{1}{\sigma\sqrt{2\pi t}} e^{-\frac{x^2}{2\sigma^2 t}} \tag{6.51}$$

证明 由前可知

$$f_{t|s}(x \mid a) = f_{t-s}(x - a) \quad (0 < s < t) \tag{6.52}$$

则 $(B(t_1), B(t_2), \cdots, B(t_n))$ 的联合概率密度为

$$f_{t_1, \cdots, t_n}(x_1, \cdots, x_n) = f_{t_1, \cdots, t_n|0}(x_1, \cdots, x_n \mid a)$$
$$= f_{t_1|0}(x_1 \mid a) f_{t_2|t_1}(x_2 \mid x_1) f_{t_3|t_1, t_2}(x_3 \mid x_1, x_2) \cdots f_{t_n|t_1, t_2, \cdots, t_{n-1}}(x_n \mid x_1, x_2, \cdots, x_{n-1})$$
$$= f_{t_1|0}(x_1 \mid a) f_{t_2|t_1}(x_2 \mid x_1) f_{t_3|t_2}(x_3 \mid x_2) \cdots f_{t_n|t_{n-1}}(x_n \mid x_{n-1}) \quad （由马尔科夫性）$$
$$= f_{t_1}(x_1 - a) f_{t_2 - t_1}(x_2 - x_1) \cdots f_{t_n - t_{n-1}}(x_n - x_{n-1}) \quad （根据式(6.52)）$$

推论 6.3.1 $\{B(t), t \geq 0\}$ 是布朗运动,则对任意 $x, x_i \in \mathbf{R}$, $0 < s < t_1 < t_2 < \cdots < t_n (i = 1, 2, \cdots, n)$, 有

$$P\{B(t_1) \leq x_1, \cdots, B(t_n) \leq x_n \mid B(s) = x\}$$
$$= P\{B(t_1) \leq x_1 - x, \cdots, B(t_n) \leq x_n - x \mid B(s) = 0\} \tag{6.53}$$

式(6.53)描述的性质称为布朗运动的空间齐次性.

定理 6.3.2(轨道连续性) $\{B(t), t \geq 0\}$ 是布朗运动的轨道(样本函数)是 t 的连续函数(证明略).

布朗运动也有若干变形,如有吸收的布朗运动、有漂移的布朗运动和几何布朗运动等.

习题 6

1.(Ehrenfest 模型)设一个坛子中装有 c 个球,它们只可能是红色的或黑色的. 从坛子中随机地摸出一个球,并换入一个另一种颜色的球,经过 n 次摸换,记坛子中的黑色球数为 $X(n)$. 试判断 $\{X(n), n \geq 1\}$ 是否构成齐次马尔科夫链?

2. 设齐次马尔科夫链 $\{X(n), n = 0, 1, 2, \cdots\}$ 的状态空间为 $E = \{1, 2, 3, 4\}$, 状态转移概率矩阵为

$$\boldsymbol{P}=\begin{pmatrix}\frac{1}{2}&\frac{1}{2}&0&0\\1&0&0&0\\0&\frac{1}{3}&\frac{2}{3}&0\\\frac{1}{2}&0&\frac{1}{2}&0\end{pmatrix}$$

（1）讨论各状态性质；

（2）分解状态空间.

3. 证明 $f_{ij}=p_{ij}+\sum\limits_{k\in I-\{j\}}p_{ik}f_{kj}$，$i,j\in I$.

4. 对于任意的 $i\in D, j\in C$ 及 $k\in C(j)$，证明 $f_{ij}=f_{ik}$.

5. 设有齐次马尔科夫链 $\{X_n, n=0,1,2,\cdots\}$，其一步转移概率矩阵为

$$\boldsymbol{P}=\begin{bmatrix}0&1&0\\\frac{1}{4}&\frac{1}{2}&\frac{1}{4}\\0&1&0\end{bmatrix}$$

试求其平稳分布.

6. $\{N_1(t),t\geqslant0\}$ 和 $\{N_2(t),t\geqslant0\}$ 分别是参数为 λ_1 和 λ_2 的泊松过程，且相互独立. 试确定：

（1）$\{N_1(t)-N_2(t),t\geqslant0\}$ 是否为泊松过程；

（2）$\{N_1(t)+N_2(t),t\geqslant0\}$ 是否为泊松过程.

7. 设 $\{W_n,n\geqslant1\}$ 是参数 λ 的泊松过程 $\{X(t),t\geqslant0\}$ 的一个到达时间序列，证明 $2\lambda W_n$ 服从自由度为 $2n$ 的 χ^2 分布.

8. 设 $\{B(t),t\geqslant0\}$ 是布朗运动，$0<s<t$. 证明：在 $B(s)=b$ 条件下，$B(t)$ 服从正态分布 $N(b, \sigma^2(t-s))$.

9. $\{W(t),-\infty<t<+\infty\}$，$W(0)=0$ 是参数为 σ^2 的维纳过程，且

$$X(t)=\mathrm{e}^{-at}\,W(\mathrm{e}^{2at})\quad(-\infty<t<+\infty)$$

证明：$X(t)$ 为平稳正态过程，且 $R_X(\tau)=\sigma^2\mathrm{e}^{-a|\tau|}$.

10. 证明 $\{W(t),t\geqslant0\}$ 是标准布朗运动的充要条件是：

（1）$\{W(t),t\geqslant0\}$ 是高斯过程；

（2）$E[W(t)]=0$；

（3）$E[W(t)W(s)]=\min(s,t)$.

思考题

讨论马尔科夫过程在工程和经济、社会领域的应用.

第7章 二阶矩过程

回顾第 5 章,我们曾给出看待随机过程的两种视角. 在前面介绍马尔科夫过程的部分,我们的主要着眼点在于其不同时刻随机变量之间的关系. 为此,集中研究了其转移概率分布,并由此了解该随机过程的统计特性. 本章我们将着眼点放在随机过程的实现 $X(t)$ 上,研究其作为一个随机函数的极限、连续、导数、积分等问题,因而又称这种分析为随机分析.

7.1 二阶矩随机变量

随机过程可以看作一个随机变量族. 为此,在介绍二阶矩过程之前,先对二阶矩随机变量的定义和性质进行一些简单的讨论是有必要的.

定义 7.1.1 若 X 是概率空间 $(\Omega, \mathscr{F}, P)$ 上一随机变量,且 $E(|X|^2) < +\infty$,则称 X 是一个**二阶矩随机变量**.

二阶矩随机变量的全体记为 H,即

$$H = \{X : E(|X|^2) < +\infty\}$$

则 H 具有下列性质.

性质 1 H **是一个线性空间.**

设 X_1, $X_2 \in H$,C_1,C_2 是任意两个复数,则由施瓦茨不等式可得

$$E(|C_1 X_1 + C_2 X_2|^2) = E(|C_1 X_1|^2) + E(|C_2 X_2|^2) + E(|C_1 \overline{C_2} X_1 \overline{X_2}|) + E(|\overline{C_1} C_2 \overline{X_1} X_2|)$$
$$\leqslant |C_1|^2 E(|X_1|^2) + |C_2|^2 E(|X_2|^2) + 2|C_1||C_2|[E(|X_1|^2)E(|X_2|^2)]^{1/2} < +\infty$$

所以 $C_1 X_1 + C_2 X_2 \in H$,即 H 是一个线性空间.

性质 2 H **是一个内积空间.**

首先用期望运算来定义随机变量的内积.

对任意的 X,$Y \in H$,记

$$\langle X, Y \rangle = E\langle X\overline{Y} \rangle$$

由定义 7.1.1 可知,$|\langle X, Y \rangle| = |(E\langle X\overline{Y} \rangle)| \leqslant [E(|X|^2)E(|Y|^2)]^{1/2} < +\infty$. 所以,对二阶矩随机变量 X 和 Y,$\langle X, Y \rangle$ 总是存在的. 并且,假设 X_1,X_2,X,$Y \in H$,C 为复数,容易证明:

（1）$\langle Y, X \rangle = \overline{\langle X, Y \rangle}$;

（2）$\langle CX, Y \rangle = C\langle X, Y \rangle$,$\langle X, CY \rangle = \overline{C}\langle X, Y \rangle$;

（3）$\langle X_1 + X_2, Y \rangle = \langle X_1, Y \rangle + \langle X_2, Y \rangle$;

（4）$\langle X, X \rangle \geqslant 0$,且 $\langle X, X \rangle = 0$ 的充要条件是 $X = 0$.

故 $\langle X, Y \rangle = E(\langle X\overline{Y} \rangle)$ 为 H 中 X 和 Y 的**内积**. H 构成一个内积空间.

性质 3　H 是一个线性赋范空间.

有了内积的概念,就可以用其导出随机变量的范数.

若 $X \in H$,记

$$\|X\| = \sqrt{\langle X, \ X \rangle}$$

假设 X_1, X_2, $X \in H$, C 为复数,容易证明:

(1) $\|X\| \geqslant 0$,且 $\|X\| = 0$ 的充要条件是 $X = 0$;

(2) $\|CX\| = |C| \|X\|$;

(3) $\|X_1 + X_2\| \leqslant \|X_1\| + \|X_2\|$ (三角不等式),

所以 $\|X\| = \sqrt{\langle X, \ X \rangle}$ 构成 H 上 X 的**范数**,从而 H 是一个线性赋范空间.

性质 4　H 是一个距离空间.

依据范数可以进一步定义随机变量间的距离.

设 X, $Y \in H$,记

$$d(X, \ Y) = \|X - Y\|$$

为 X 与 Y 之间的**距离**.

假设 X, Y, $Z \in H$,则

(1) $d(X, \ Y) \geqslant 0$,并且 $d(X, \ Y) = 0$ 的充要条件是 $X = 0$;

(2) $d(X, \ Y) = d(Y, \ X)$;

(3) $d(X, \ Z) \leqslant d(X, \ Y) + d(Y, \ Z)$.

显然,$d(X, \ Y)$ 构成 X 与 Y 之间的**距离**,H 是一个距离空间.

依据距离定义,就可以在 H 中引入极限的概念.

定义 7.1.2　设 X_n, $X \in H$ $(n \geqslant 1)$,如果

$$\lim_{n \to +\infty} d(X_n, \ X) = \lim_{n \to +\infty} \|X_n - X\|^2 = \lim_{n \to +\infty} |X_n - X|^2 = 0$$

则称 X_n **均方收敛**于 X,记作

$$\mathop{\text{l.i.m}}_{n \to +\infty} X_n = X$$

定理 7.1.1　$X_n \in H (n = 1, 2, \cdots)$,则 $\{X_n, \ n \geqslant 1\}$ 均方收敛的充要条件是

$$\lim_{n, \ m \to +\infty} d(X_n, \ X_m) = \lim_{n, \ m \to +\infty} \|X_n - X_m\| = 0$$

即 $\{X_n, \ n \geqslant 1\}$ 是均方收敛的基本列或柯西(Cauchy)序列.

这个定理又称为完备性定理,也称为均方收敛的柯西准则.

至此,由以上分析可知,H 不仅是一个完备的线性赋范空间(Banach 空间),而且是一个完备的内积线性空间(Hilbert 空间).

均方收敛具有如下重要性质.

性质 1(唯一性)　若 $\mathop{\text{l.i.m}}_{n \to +\infty} X_n = X$,$\mathop{\text{l.i.m}}_{n \to +\infty} X_n = Y$,则 $X = Y$.

事实上,

$$\|X - Y\| = \|X - X_n + X_n - Y\|$$

$$\leqslant \|X - X_n\| + \|X_n - Y\| \to 0 \ (n \to +\infty)$$

可得 $X = Y$.

性质 2(线性性质) 若 $\lim\limits_{n \to +\infty} X_n = X$, $\lim\limits_{n \to +\infty} Y_n = Y$, 则对于任意常数 C_1, C_2, 有

$$\lim_{n \to +\infty} (C_1 X_n + C_2 Y_n) = C_1 X + C_2 Y$$

事实上,

$$\begin{aligned}
\left\|(C_1 X_n + C_2 Y_n) - (C_1 X + C_2 Y)\right\| &= \left\|C_1 (X_n - X) + C_2 (Y_n - Y)\right\| \\
&\leqslant |C_1|\|X - X_n\| + |C_2|\|Y_n - Y\| \to 0 \ (n \to +\infty)
\end{aligned}$$

故结论成立.

性质 3(矩的性质) 若 X_n, $X \in H$, 且 $\lim\limits_{n \to +\infty} X_n = X$, 则

$$\lim_{n \to +\infty} E(X_n) = E(X)$$

$$\lim_{n \to +\infty} E(|X_n|^2) = E(|X|^2)$$

由

$$|E(X_n) - E(X)| \leqslant \|X_n - X\| \to 0 \ (n \to +\infty)$$

可得

$$\lim_{n \to +\infty} E(X_n) = E(X)$$

又由

$$\|X_n\| = \|X_n - X + X\| \leqslant \|X_n - X\| + \|X\|$$

$$\|X\| = \|X - X_n + X_n\| \leqslant \|X_n - X\| + \|X_n\|$$

有

$$\big|\|X_n\| - \|X\|\big| \leqslant \|X_n - X\| \to 0 \ (n \to +\infty)$$

所以 $\|X_n\| \to \|X\|$, 从而 $\|X_n\|^2 \to \|X\|^2$, 且有

$$\|X\|^2 = E(|X|^2)$$

$$\|X_n\|^2 = E(|X_n|^2)$$

从而

$$\lim_{n \to +\infty} E(|X_n|^2) = E(|X|^2)$$

性质 4(内积性质) 若 X_n, X, Y_m, $Y \in H$, 且 $\lim\limits_{n \to +\infty} X_n = X$, $\lim\limits_{n \to +\infty} Y_m = Y$, 则

$$\langle X_n, \ Y_m \rangle \to \langle X, Y \rangle \ (n \to +\infty)$$

由

$$\begin{aligned}
\left| \langle X_n, \ Y_m \rangle - \langle X, \ Y \rangle \right| &= \left| E(X_n \overline{Y_m}) - E(X \overline{Y}) \right| \\
&= E\big[\big|(X_n - X)\overline{Y_m} + X(\overline{Y_m} - \overline{Y})\big|\big] \\
&\leqslant E\big[\big|(X_n - X)\overline{Y_m} + X(\overline{Y_m} - \overline{Y})\big|\big] \\
&\leqslant [E|(X_n - X|^2)E(|Y_m|^2)]^{1/2} + [E(|X|^2)E(|Y_m - Y|^2)]^{1/2} \to 0 (n \to +\infty, \ m \to +\infty)
\end{aligned}$$

可得结论.

性质 5（函数收敛性） 假设 X_n，$X \in H$，$X_n \overset{2}{\to} X$，$f(X)$ 是满足李普希茨 (Lipschitz) 条件的函数，即存在常数 $M > 0$，使得 $|f(u) - f(v)| \leqslant M|u - v|$，且使得 $f(X_n)$，$f(X) \in H$，则 $f(X_n) \overset{2}{\to} f(X)$.

事实上，由

$$|f(X_n) - f(X)|^2 \leqslant M^2 |X_n - X|^2$$

有

$$\|f(X_n) - f(X)\|^2 = E(|f(X_n) - f(X)|^2) \leqslant M^2 E(|X_n - X|^2) \to 0 \,(n \to +\infty)$$

进一步地，若 $f'(X)$ 存在且有界，则由微分中值定理，有

$$\operatorname{Re} f(u) - \operatorname{Re} f(v) = (u - v) \operatorname{Re} f'(v + \theta_1(u - v))$$
$$\operatorname{Im} f(u) - \operatorname{Im} f(v) = (u - v) \operatorname{Im} f'(v + \theta_2(u - v))$$

从而

$$|f(u) - f(v)| \leqslant |\operatorname{Re} f(u) - \operatorname{Re} f(v)| + |\operatorname{Im} f(u) - \operatorname{Im} f(v)|$$
$$\leqslant K|u - v|$$

说明 $f(x)$ 满足李普希茨条件，所以若 $f'(X)$ 存在且有界，当 $X_n \overset{2}{\to} X$ 时，亦有 $f(X_n) \overset{2}{\to} f(X)$.

特别地，当 $f(X) = \mathrm{e}^{\mathrm{i}tX}$ 时，有 $\mathrm{e}^{\mathrm{i}tX_n} \overset{2}{\to} \mathrm{e}^{\mathrm{i}tX}$，从而 X_n 的特征函数 $\phi_{X_n}(t) = E(\mathrm{e}^{\mathrm{i}tX_n})$ 收敛到 X 的特征函数 $\phi_X(t) = E(\mathrm{e}^{\mathrm{i}tX})$.

例 7.1.1 假设 X_1，X_2，$\cdots$，X_n，$\cdots$ 是独立同分布的二阶矩随机变量序列，$E(X_1) = m$，证明 $\dfrac{1}{n} \sum\limits_{k=1}^{n} X_k \overset{2}{\to} m$.

证明

$$\left\| \frac{1}{n} \sum_{k=1}^{n} (X_k - m) \right\|^2 = \frac{1}{n^2} \left\| \sum_{k=1}^{n} (X_k - m) \right\|^2$$
$$= \frac{1}{n^2} E\{[\sum_{k=1}^{n} (X_k - m)][\sum_{l=1}^{n} (\overline{X_l - m})]\}$$
$$= \frac{1}{n^2} \sum_{k=1}^{n} E[(X_k - m)(\overline{X_k - m})]$$
$$= \frac{1}{n^2} \sum_{k=1}^{n} E|X_k - m|^2$$
$$= \frac{1}{n} E|X_1 - m|^2 \to 0 \,(n \to +\infty)$$

除前面提到的柯西收敛准则外，均方收敛还有如下收敛准则.

定理 7.1.2（均方收敛准则） 设 $X_n \in H$，则 X_n 均方收敛于 X 的充要条件为 $\lim\limits_{\substack{n \to +\infty \\ m \to +\infty}} E(X_n \overline{X_m})$ 存在，即极限

$$\lim_{\substack{n \to +\infty \\ m \to +\infty}} E(X_n \overline{X_m}) = \lim_{n,\,m} \langle X_n,\, X_m \rangle = \langle X,\, X \rangle = E(|\,X\,|^2) < +\infty$$

证明 必要性可由性质 4 直接得到. 下面证充分性. 若 $\lim\limits_{\substack{n \to +\infty \\ m \to +\infty}} E(X_n \overline{X_m})$ 存在, 不妨设

$\lim\limits_{\substack{n \to +\infty \\ m \to +\infty}} E(X_n \overline{X_m}) = C$, 则

$$\lim_{n \to +\infty} E(X_n \overline{X_m}) = \lim_{m \to +\infty} E(X_n \overline{X_m}) = C$$

于是

$$\| X_n - X_m \|^2 = \langle X_n, X_n \rangle - \langle X_n, X_m \rangle - \langle X_m, X_n \rangle + \langle X_m, X_m \rangle \to C - C - C + C$$

$$= 0\,(n \to +\infty)$$

由柯西准则知 X_n 均方收敛.

这一收敛准则又称洛易甫收敛准则, 它是判别均方收敛常用的方法.

有了对二阶矩随机变量的分析, 下面我们进一步给出二阶矩随机过程的定义.

定义 7.1.3 $X = \{X(t), t \in T\}$ 是一个随机过程, 如果对任意的 $t \in T$, 有 $E(|\,X(t)\,|^2) < +\infty$, 则称 $X = \{X(t), t \in T\}$ 是**二阶矩随机过程**.

显然, 对于二阶矩随机过程 $X = \{X(t), t \in T\}$, 有

（1）均值函数 $m_X(t) = E[X(t)]$ 存在, 因为 $[E(X(t))]^2 \leqslant E(|\,X(t)\,|^2) < +\infty$;

（2）方差函数 $\sigma_X^2 = D[X(t)]$ 存在, 因为 $D[X(t)] = E[X(t)]^2 - [E(X(t))]^2$;

（3）自相关函数 $R_X(s,t) = E[X(s)\overline{X(t)}]$ 存在, 因为

$$E[X(s)\overline{X(t)}] \leqslant [E(|\,X(t)\,|^2)E(|\,X(s)\,|^2)]^{1/2}$$

（4）自协方差函数 $C_X(s,t) = R_X(s,t) - m_X(s)m_X(t)$ 存在.

由于 $E[X(t)] = m_X(t)$ 存在, 所以可令 $Y(t) = X(t) - m_X(t)$, 于是 $m_Y(t) = 0$, 此时 $C_Y(s,t) = R_Y(s,t)$. 由 $(Y(t_1), Y(t_2), \cdots, Y(t_n))$ 的协方差矩阵的非负定性可得 $R(s,t)$ 是非负定的, 而且 $R(s,t)$ 具有埃米特 (Hermitian) 对称性, 即 $R(s,t) = \overline{R(s,t)}$.

7.2 均方连续与均方微积分

有了均方极限的概念, 就可以进一步定义均方连续和均方微积分.

7.2.1 均方连续性

定义 7.2.1 设 $X = \{X(t), t \in T\}$ 是二阶矩随机过程, 如果对 $t_0 \in T$, 有 $\lim\limits_{t \to t_0} X(t) = X(t_0)$, 则称 $X(t)$ 在 $t = t_0$ 处**均方连续**. 如果 $X(t)$ 在所有的 $t \in T$ 处均方连续, 则称 $X(t)$ 在 T 上均方连续.

定理 7.2.1（均方连续准则） 二阶矩随机过程 $X = \{X(t), t \in T\}$ 在 $t_0 \in T$ 处均方连续的充要条件是自相关函数 $R_X(s,t)$ 在点 (t_0, t_0) 处连续.

证明 必要性. 若 $X(t)$ 在 $t = t_0$ 处均方连续, 则由均方收敛的内积性质

$$\lim_{(s,t)\to(t_0,t_0)} R_X(s,t) = \lim_{(s,t)\to(t_0,t_0)} \langle X(s), X(t) \rangle = \langle X(t_0), X(t_0) \rangle$$
$$= R(t_0, t_0)$$

说明 $R_X(s,t)$ 在 (t_0, t_0) 处连续.

充分性. 若 $R_X(s,t)$ 在 (t_0, t_0) 处连续, 则

$$\| X(t) - X(t_0) \|^2 = E(| X(t) - X(t_0) |^2)$$
$$= E\{[X(t) - X(t_0)][\overline{X(t) - X(t_0)}]\}$$
$$= R_X(t,t) - R_X(t,t_0) - R_X(t_0,t) + R_X(t_0,t_0) \to 0 \, (t \to t_0)$$

所以 $X(t)$ 在 $t = t_0$ 处均方连续.

推论 7.2.1　二阶矩随机过程 $X = \{X(t), t \in T\}$ 在 T 上均方连续的充要条件是自相关函数 $R_X(s,t)$ 在所有 $(t,t) \in T \times T$ 处连续.

推论 7.2.2　如果二阶矩随机过程 $X(t)$ 的自相关函数 $R_X(s,t)$ 在 $(t,t) \in T \times T$ 处连续, 则 $R_X(s,t)$ 在平面 $T \times T$ 上的每一点都连续.

证明　若 $R_X(s,t)$ 在 $(t,t) \in T \times T$ 处连续, 则由定理 7.2.1 知, $X(t)$ 在 t 处均方连续. 于是由均方收敛的内积性质, 有

$$\lim_{(s,t)\to(s_0,t_0)} R(s,t) = \lim_{(s,t)\to(s_0,t_0)} \langle X(s), X(t) \rangle = \langle X(s_0), X(t_0) \rangle$$
$$= R_X(s_0, t_0) \quad (s_0, t_0) \in T \times T$$

由 (s_0, t_0) 的任意性, 可得结论.

由以上讨论可见, 随机过程的均方连续问题可转化为普通的二元函数 $R_X(s,t)$ 的连续性问题.

例 7.2.1　泊松过程的均方连续性.

$\{X(t), t \geq 0\}, X(0) = 0$ 是泊松过程, 则有

$$P\{X(t) - X(s) = j\} = \mathrm{e}^{-(\lambda-s)} \frac{[\lambda(t-s)]^j s}{j!} \quad (j = 0,1,\cdots, t > s)$$

令 $s = 0$, 可得 $E[X(t)] = \lambda t$. 当 $s < t$ 时,

$$\Gamma(s,t) = E[(X(s) - \lambda s)(X(t) - \lambda t)]$$
$$= E\{[X(s) - \lambda s][X(s) - \lambda s + (X(t) - \lambda t) - (X(s) - \lambda s)]\}$$
$$= E[(X(s) - \lambda s)^2]$$
$$= D[X(s)] = \lambda s$$

当 $s > t$ 时, 类似得 $\Gamma(s,t) = \lambda t$, 所以

$$\Gamma(s,t) = \lambda \min\{s,t\}$$
$$R(s,t) = \Gamma(s,t) + m(s)m(t) = \lambda \min(s,t) + \lambda^2 st$$

由于 $R(s,t)$ 在 $\{(t,t), t \geq 0\}$ 二元连续, 可知 $X(t)$ 在 $t \geq 0$ 时均方连续.

由于泊松过程是跳跃型马尔科夫过程, 所以它的几乎所有的样本函数都在某些点按通常意义间断. 这并不与均方连续矛盾, 因为均方意义下在 t_0 点连续指的是随机地取出一个样本函数, 它在 t_0 处间断的概率是 0.

7.2.2 均方可微性

定义 7.2.2 设 $X = \{X(t), t \in T\}$ 为二阶矩随机过程,如果在均方意义下极限

$$\mathop{\text{l.i.m}}\limits_{h \to 0} \frac{X(t+h) - X(t)}{h}$$

存在,则称 $X(t)$ 在 t 处**均方可导**或**均方可微**,并称此极限为 $X(t)$ 在 t 处的**均方导数**,记作 $X'(t)$ 或 $\dfrac{\mathrm{d}X(t)}{\mathrm{d}t}$.如果 $X(t)$ 在 T 上的每一点都均方可微,则称随机过程 X 在 T 上均方可微.

当随机过程 $X = \{X(t), t \in T\}$ 在 T 上均方可导时,$\{X'(t), t \in T\}$ 是一个新的随机过程,称为随机过程 $\{X(t), t \in T\}$ 的导(数)过程.

类似地,若随机过程 $\{X'(t), t \in T\}$ 在 t 点处均方可微,则称 $X(t)$ 在 t 点二次均方可微.$X'(t)$ 的均方导数记为 $X''(t)$ 或 $\dfrac{\mathrm{d}^2 X(t)}{\mathrm{d}t^2}$,并称它为二阶矩随机过程 $X(t)$ 的二阶均方导数.同理可以定义更高阶的均方导数.

若二阶矩随机过程 $X = \{X(t), t \in T\}$ 在 t 处均方可导,由均方收敛准则,存在极限

$$\lim_{\substack{h \to 0 \\ h' \to 0}} E\left[\left(\frac{X(t+h) - X(t)}{h} \right) \left(\overline{\frac{X(t+h') - X(t)}{h'}} \right) \right]$$

即极限

$$\lim_{\substack{h \to 0 \\ h' \to 0}} \frac{R_X(t+h, t+h') - R_X(t, t+h') - R_X(t+h, t) + R_X(t, t)}{hh'}$$

存在.

为叙述方便,我们给出广义二阶导数的概念.

定义 7.2.3 对二元函数 $f(s,t)$,如果对点 $(s,t) \in T \times T, (s+h, t+h') \in T \times T$,极限

$$\lim_{\substack{h \to 0 \\ h' \to 0}} \frac{f(s+h, t+h') - f(s+h, t) - f(t, t+h') + f(t,t)}{hh'}$$

存在,则称该极限值为函数 $f(s,t)$ 在点 (s,t) 处的**广义二阶导数**,记为 $\dfrac{\partial^2 f(s,t)}{\partial s \partial t}$.

定理 7.2.2(均方可微准则) 二阶矩随机过程 $X = \{X(t), t \in T\}$ 在 $t \in T$ 处均方可微的充要条件是自相关函数 $R_X(s,t)$ 在 $(t,t) \in T \times T$ 处的广义二阶导数存在.

推论 7.2.3 如果二阶矩随机过程 $X = \{X(t), t \in T\}$ 的自相关函数 $R_X(s,t)$ 在 $(t,t) \in T \times T$ 处的广义二阶导数存在,则 $R_X(s,t)$ 在 $T \times T$ 处的广义二阶导数存在,并且

$$\frac{\partial R_X(s,t)}{\partial s} = E[X'(s)\overline{X(t)}]$$

$$\frac{\partial R_X(s,t)}{\partial t} = E[X(s)\overline{X'(t)}]$$

$$\frac{\partial^2 R_X(s,t)}{\partial s \partial t} = E[X'(s)\overline{X'(t)}]$$

证明 若 $R_X(s,t)$ 在 $(t,t) \in T \times T$ 处的广义二阶导数存在,则由定理 7.2.2,知 $X = \{X(t), t \in T\}$ 在 $t \in T$ 处均方可微,从而

$$X'(s) = \underset{h \to 0}{\text{l.i.m}} \frac{X(t+h) - X(t)}{h}$$

$$X'(t) = \underset{h' \to 0}{\text{l.i.m}} \frac{X(t+h') - X(t)}{h'}$$

由均方收敛的内积性质

$$\lim_{(h',h) \to (0,0)} \left\langle \frac{X(s+h') - X(s)}{h'}, \frac{X(t+h) - X(t)}{h} \right\rangle = \frac{\partial^2 R_X(s,t)}{\partial s \partial t}$$

说明 $R_X(s,t)$ 在 $T \times T$ 上的广义二阶导数存在,并且

$$\begin{aligned}
\frac{\partial R_X(s,t)}{\partial s} &= \lim_{h \to 0} \frac{R_X(s+h,t) - R_X(s,t)}{h} \\
&= \lim_{h \to 0} \frac{E[X(s+h,t)\overline{X(t)}] - E[X(s)\overline{X(t)}]}{h} \\
&= \lim_{h \to 0} E\left[\frac{X(s+h) - X(s)}{h} \overline{X(t)} \right] \\
&= \lim_{h \to 0} \left\langle \frac{X(s+h) - X(s)}{h}, X(t) \right\rangle \\
&= \langle X'(s), X(t) \rangle = E[X'(s)\overline{X(t)}]
\end{aligned}$$

同理

$$\frac{\partial R_X(s,t)}{\partial t} = E[X(s)\overline{X'(t)}]$$

$$\begin{aligned}
\frac{\partial^2 R_X(s,t)}{\partial s \partial t} &= \lim_{h \to 0} \frac{1}{h} \left[\frac{\partial R_X(s,t+h)}{\partial s} - \frac{\partial R_X(s,t)}{\partial s} \right] \\
&= \lim_{h \to 0} \frac{1}{h} \{ E[X'(s)\overline{X(t+h)}] - E[X'(s)\overline{X(t)}] \} \\
&= \lim_{h \to 0} \left\langle X'(s), \frac{X(t+h) - X(t)}{h} \right\rangle \\
&= \langle X'(s), X'(t) \rangle = E[X'(s)\overline{X'(t)}]
\end{aligned}$$

均方导数具有和普通函数类似的性质.

性质 1 任意随机变量(可以是常量)的均方导数为零.

由定义直接可得.

性质 2 假设 X 是与 t 无关的随机变量或常量,$X'(t)$ 存在,则

$$[X(t) + X]' = X'(t)$$

证明 设 $X(t) + X$ 的均方导数为 Y,则由定义得

$$\lim_{h \to 0} E \left| \frac{[X(t+h) + X] - [X(t) + X]}{h} - Y \right|^2$$

$$= \lim_{h \to 0} E \left| \frac{X(t+h) - X(t)}{h} - Y \right|^2 = 0$$

注意到第一个等号右边即 $X'(t)$ 的定义,且有 $X'(t)=Y$,于是得 $[X(t)+X]'=X'(t)$.

性质 3 设 $X(t)$ 与 $Y(t)$ 都在 t 处均方可微,且 a,b 为常量,则

$$[aX(t)+bY(t)]'=aX'(t)+bY'(t)$$

证明 设 $X'(t)=X,Y'(t)=Y$, 则

$$E\left\{\left|\frac{[aX(t+h)+bY(t+h)]-[aX(t)+bY(t)]}{h}-(aX+bY)\right|^2\right\}$$

$$=E\left\{\left|a\left(\frac{X(t+h)-X(t)}{h}-X\right)\right|^2\right\}+E\left\{\left|b\left(\frac{Y(t+h)-Y(t)}{h}-Y\right)\right|^2\right\}+$$

$$E\left\{\left[a\left(\frac{X(t+h)-X(t)}{h}-X\right)\right]\overline{\left[b\left(\frac{Y(t+h)-Y(t)}{h}-Y\right)\right]}\right\}+$$

$$E\left\{\left[b\left(\frac{Y(t+h)-Y(t)}{h}-Y\right)\right]\overline{\left[a\left(\frac{X(t+h)-X(t)}{h}-X\right)\right]}\right\}$$

$$\to 0(h\to 0)$$

所以

$$[aX(t)+bY(t)]'=aX'(t)+bY'(t)$$

性质 4 如果 $X(t)$ 在 t 处均方可微,则 $X(t)$ 在 t 处均方连续.

证明 根据均方可微的定义,知

$$\lim_{h\to 0}\frac{X(t+h)-X(t)}{h}=X'(t)$$

存在,进而有

$$\lim_{h\to 0}E\left[\left|\frac{X(t+h)-X(t)}{h}-X'(t)\right|^2\right]$$

$$=\lim_{h\to 0}\frac{1}{h^2}E[|X(t+h)-X(t)-hX'(t)|^2]$$

$$=0$$

所以

$$\lim_{h\to 0}E[|X(t+h)-X(t)-hX'(t)|^2]=0$$

于是由施瓦茨不等式,有

$$E[|X(t+h)-X(t)|^2]$$

$$=E[|X(t+h)-X(t)-hX'(t)+hX'(t)|^2]$$

$$=E[|X(t+h)-X(t)-hX'(t)|^2+E|hX'(t)|^2]+$$

$$E\{[X(t+h)-X(t)-hX'(t)][h\overline{X'(t)}]\}+$$

$$E\{[hX'(t)][\overline{X(t+h)-X(t)-hX'(t)}]\}$$

$$\leqslant E[|X(t+h)-X(t)-hX'(t)|^2]+E[|hX'(t)|^2]+$$

$$2\{E[|\,X(t+h)-X(t)-hX'(t)\,|^2]E[|\,hX'(t)\,|^2]\}^{1/2}$$
$$\to 0\,(h\to 0)$$

所以 $X(t)$ 在 t 处均方连续.

性质 5　如果 $X(t)$ 均方可微,$f(t)$ 是普通的可微函数,则 $f(t)X(t)$ 均方可微,且
$$[f(t)X(t)]'=f'(t)X(t)+f(t)X'(t)$$

证明

$$E\left\{\left\|\frac{f(t+h)X(t+h)-f(t)X(t)}{h}-[f'(t)X(t)+f(t)X'(t)]\right\|^2\right\}$$

$$=E\left\{\left\|\left[\frac{f(t+h)X(t+h)-f(t)X(t+h)}{h}-f'(t)X(t)\right]+\right.\right.$$
$$\left.\left.\left[\frac{f(t)X(t+h)-f(t)X(t)}{h}-f(t)X'(t)\right]\right\|^2\right\}$$

$$\leq E\left[\left\|\frac{f(t+h)X(t+h)-f(t)X(t+h)}{h}-f'(t)X(t)\right\|^2\right]+$$
$$E\left[\left\|\frac{f(t+h)X(t+h)-f(t)X(t)}{h}-f(t)X'(t)\right\|^2\right]+$$
$$2\left\{E\left[\left\|\frac{f(t+h)X(t+h)-f(t)X(t+h)}{h}-f'(t)X(t)\right\|^2\right]\cdot\right.$$
$$\left.E\left[\left\|\frac{f(t)X(t+h)-f(t)X(t)}{h}-f(t)X'(t)\right\|^2\right]\right\}^{1/2}$$

$$E\left[\left\|\frac{f(t+h)X(t+h)-f(t)X(t+h)}{h}-f'(t)X(t)\right\|^2\right]$$

$$\leq E\left[\left\|\left[\frac{f(t+h)-f(t)}{h}-f'(t)\right]X(t+h)\right\|^2\right]+$$
$$[f'(t)]^2 E[|X(t+h)-X(t)|^2]+$$
$$2f'(t)\left\{E\left[\left\|\left[\frac{f(t+h)-f(t)}{h}-f'(t)\right]X(t+h)\right\|^2\right]\cdot\right.$$
$$\left.E\left[|X(t+h)-X(t)|^2\right]\right\}^{1/2}\to 0\,(h\to 0)$$

$$E\left[\left\|\frac{f(t)X(t+h)-f(t)X(t)}{h}-f(t)X'(t)\right\|^2\right]$$

$$=[f(t)]^2 E\left[\left\|\frac{X(t+h)-X(t)}{h}-X'(t)\right\|^2\right]\to 0\,(h\to 0)$$

所以

$$[f(t)X(t)]' = f'(t)X(t) + f(t)X'(t)$$

例 7.2.2 判断布朗运动 $\{B(t), t \geq 0\}$ 的均方可微性.

解 由于布朗运动的自相关函数 $R_B(s,t) = \sigma^2 \min(s,t)$,则

$$\lim_{h \to 0^+} \frac{R_B(t+h,t) - R_B(t,t)}{h} = \lim_{h \to 0^+} \frac{0}{h} = 0$$

$$\lim_{h \to 0^-} \frac{R_B(t+h,t) - R_B(t,t)}{h} = \lim_{h \to 0^+} \frac{\sigma^2 h}{h} = \sigma^2$$

显然 $\dfrac{\partial R_B(s,t)}{\partial s}$ 不存在,故布朗运动 $\{B(t), t \geq 0\}$ 不是均方可微的.

7.2.3 均方可积性

定义 7.2.4 设 $X = \{X(t), t \in Y = [a,b]\}$ 是二阶矩随机过程, $f(t)$ 是 T 上的复值函数. 在 $[a,b]$ 内任意插入 $n-1$ 个分子点 $a = t_0 < t_1 < \cdots < t_n = b$,将 $[a,b]$ 分成 n 个子区间 $[t_{k-1}, t_k] (k = 1, 2, \cdots, n)$,在第 k 个小区间 $[t_{k-1}, t_k]$ 上任取一点 ξ_k ,作积 $f(\xi_k)X(\xi_k)(t_k - t_{k-1})$,并作和 $\sum_{k=1}^{n} f(\xi_k)X(\xi_k)(t_k - t_{k-1}) = Y_n$,令 $\Delta n = \max_{1 \leq k \leq n}(t_k - t_{k-1})$,若当 $\Delta n \to 0$ 时, Y_n 均方收敛,即极限 $\lim_{\Delta n \to 0} Y_n$ 存在,则称 $f(t)X(t)$ 在 T 上是均方可积的,并称 Y_n 的极限为 $f(t)X(t)$ 在 $[a,b]$ 上的**均方积分**,记作 $\int_a^b f(t)X(t)\mathrm{d}t$. 特别地,若 $f(t) \equiv 1$,则有

$$\int_a^b X(t)\mathrm{d}t = \underset{\Delta n \to 0}{1.\mathrm{i.m}} \sum_{k=1}^{n} X(\xi_k)(t_k - t_{k-1}) = \underset{\Delta n \to 0}{1.\mathrm{i.m}} \sum_{k=1}^{n} X(\xi_k)\Delta t_k$$

定理 7.2.3(均方可积准则) 设 $X = \{X(t), t \in Y = [a,b]\}$ 是二阶矩随机过程, $f(t)$ 是 T 上的一个复值函数,则 $f(t)X(t)$ 在 T 上均方可积的充要条件是 $f(s)\overline{f(t)}R_X(s,t)$ 在 $T \times T$ 上的二重积分存在,即

$$\int_a^b \int_a^b f(s)\overline{f(t)}R_X(s,t)\mathrm{d}s\mathrm{d}t < +\infty$$

证明 由均方收敛准则, $\lim_{\Delta n \to 0} Y_n$ 存在的充要条件是 $\lim_{\Delta n, \Delta m} E(Y_n \overline{Y_m})$ 存在,于是

$$\lim_{\Delta n, \Delta m} E(Y_n \overline{Y_m}) = \lim_{\Delta n, \Delta m} E\{[\sum_{k=1}^{n} f(\xi_{k_n})X(\xi_{k_n})\Delta t_{k_n}][\overline{\sum_{l=1}^{m} f(\eta_{l_m})X(\eta_{l_m})\Delta t_{l_m}}]\}$$

$$= \lim_{\Delta n, \Delta m} \sum_{k=1}^{n}\sum_{l=1}^{m} f(\xi_{k_n})\overline{f(\eta_{l_m})}E[X(\xi_{k_n})\overline{X(\eta_{l_m})}]\Delta t_{k_n}\Delta t_{l_m}$$

$$= \lim_{\Delta n, \Delta m} \sum_{k=1}^{n}\sum_{l=1}^{m} f(\xi_{k_n})\overline{f(\eta_{l_m})}R_X(\xi_{k_n}, \xi_{l_m})\Delta t_{k_n}\Delta t_{l_m}$$

$$= \int_a^b \int_a^b f(s)\overline{f(t)}R_X(s,t)\mathrm{d}s\mathrm{d}t < +\infty$$

在有限区间 $[a,b]$ 上的均方积分可以推广到无限区间,且 $f(t)X(t)$ 在 $(-\infty, +\infty)$ 上均方可积的充要条件是

$$\int_{-\infty}^{+\infty}\int_{-\infty}^{+\infty}f(s)\overline{f(t)}R_X(s,t)\mathrm{d}s\mathrm{d}t<+\infty$$

均方可积有与普通积分相类似的性质.

性质 1 设 $X(t)$ 在 $[a,b]$ 与 $[c,d]$ 上都均方可积,则

（1） $E[\int_a^b f(t)X(t)\mathrm{d}t]=\int_a^b f(t)[X(t)]\mathrm{d}t$;

（2） $E\{[\int_a^b X(t)\mathrm{d}t][\int_c^d \overline{X(s)}\mathrm{d}s]\}=E[\int_a^b\int_c^d X(t)\overline{X(s)}\mathrm{d}t\mathrm{d}s]=\int_a^b\int_c^d E[X(t)\overline{X(s)}]\mathrm{d}t\mathrm{d}s=\int_a^b\int_c^d R_X(t,s)$ $\mathrm{d}t\mathrm{d}s$.

特别地

$$E\{[\int_a^b X(t)\mathrm{d}t][\int_a^b \overline{X(t)}\mathrm{d}t]\}=E\left|\int_a^b X(t)\mathrm{d}t\right|^2=\int_a^b\int_a^b R_X(s,t)\mathrm{d}s\mathrm{d}t$$

即积分符号与期望符号可以换序.

证明 （1） $E[\int_a^b f(t)X(t)\mathrm{d}t]=E[\lim_{\Delta n\to 0}\sum_{k=1}^n f(\xi_k)X(\xi_k)(t_k-t_{k-1})]$

$$=\lim_{\Delta n\to 0}E[\sum_{k=1}^n f(\xi_k)X(\xi_k)(t_k-t_{k-1})]$$

$$=\lim_{\Delta n\to 0}\sum_{k=1}^n f(\xi_k)E[X(\xi_k)](t_k-t_{k-1})$$

$$=\int_a^b f(t)E[X(t)]\mathrm{d}t$$

（2） $E\{[\int_a^b X(t)\mathrm{d}t][\int_c^d \overline{X(s)}\mathrm{d}s]\}$

$$=E\{[\lim_{\Delta n\to 0}\sum_{k=1}^n X(\xi_k)(t_k-t_{k-1})][\lim_{\Delta n\to 0}\sum_{l=1}^m \overline{X(\eta_1)}(s_l-s_{l-1})]\}$$

$$=E\{\lim_{\Delta n,\Delta m}\sum_{k=1}^n\sum_{l=1}^m X(\xi_k)\overline{X(\eta_1)}(t_k-t_{k-1})(s_l-s_{l-1})\}$$

$$=\lim_{\Delta n,\Delta m}\sum_{k=1}^n\sum_{l=1}^m E[X(\xi_k)\overline{X(\eta_1)}](t_k-t_{k-1})(s_l-s_{l-1})$$

$$=\int_a^b\int_c^d E[X(t)\overline{X(s)}]\mathrm{d}t\mathrm{d}s=\int_a^b\int_c^d R_X(t,s)\mathrm{d}t\mathrm{d}s$$

性质 2 若二阶矩随机过程 $X=\{X(t),t\in T=[a,b]\}$ 在 T 上均方连续,则 $X=\{X(t),t\in T=[a,b]\}$ 在 T 上均方可积.

证明 由推论 7.2.1,若 $X=\{X(t),t\in T=[a,b]\}$ 在 T 上均方连续,则其自相关函数 $R_X(s,t)$ 在 $T\times T$ 上连续,从而 $R_X(s,t)$ 在 $T\times T$ 上可积. 由定理 7.2.3 知, $X=\{X(t),t\in T=[a,b]\}$ 在 T 上均方可积.

性质 3 若二阶矩随机过程 $X=\{X(t),t\in T=[a,b]\}$ 在 T 上均方可积,则均方积分值唯一.

证明 由均方积分是一个和式的极限的唯一性可证.

性质 4 若二阶矩随机过程 $X=\{X(t),t\in T=[a,b]\}$ 在 T 上均方连续,则对一切 $t\in T$,有

$$E\left[\left|\int_a^b X(t)\mathrm{d}t\right|^2\right]=\left\|\int_a^t X(t)\mathrm{d}t\right\|^2\leqslant(t-a)\int_a^t\|X(s)\|^2\mathrm{d}s\leqslant(b-a)\int_a^t\|X(s)\|^2\mathrm{d}s$$

证明　若 $X = \{X(t), t \in T = [a,b]\}$ 在 T 上均方连续,则 $X(t)$ 均方可积. 于是

$$E\left|\int_a^t X(t)\mathrm{d}t\right|^2 = \left\|\int_a^t X(t)\mathrm{d}t\right\|^2$$

$$= \int_a^t \int_a^t R(s,r)\mathrm{d}s\mathrm{d}r$$

$$= \int_a^t \int_a^t E\left|X(s)\overline{X(r)}\right|\mathrm{d}s\mathrm{d}r$$

$$\leqslant \int_a^t \|X(s)\|^2 \mathrm{d}s \int_a^t \|X(r)\|^2 \mathrm{d}r$$

$$= \left(\int_a^t \|X(s)\|\mathrm{d}s\right)^2$$

$$\leqslant \int_a^t \|X(s)\|^2 \mathrm{d}s \int_a^t 1^2 \mathrm{d}s$$

$$\leqslant (t-a)\int_a^t \|X(s)\|^2 \mathrm{d}s$$

$$\leqslant (b-a)\int_a^t \|X(s)\|^2 \mathrm{d}s$$

性质 5　设 $X = \{X(t), t \in T = [a,b]\}$, $Y = \{Y(t), t \in T = [a,b]\}$ 均为均方可积的二阶矩随机过程, α , β 为常数,则

$$\int_a^b [\alpha X(t) + \beta Y(t)]\mathrm{d}t = \alpha \int_a^b X(t)\mathrm{d}t + \beta \int_a^b Y(t)\mathrm{d}t$$

本性质可由定义直接推出.

性质 6　均方积分具有对积分区间的可加性,即 $X = \{X(t), t \in T = [a,b]\}$ 是均方可积的二阶矩随机过程,对任意的 $c \in [a,b]$,有

$$\int_a^b X(t)\mathrm{d}t = \int_a^c X(t)\mathrm{d}t + \int_c^b X(t)\mathrm{d}t$$

性质 7　设二阶矩随机过程 $X = \{X(t), t \in T = [a,b]\}$ 在 T 上均方连续,则随机过程 $Y(t) = \int_a^t X(s)\mathrm{d}s, t \in T$ 在均方意义下存在,且 $Y(t)$ 在 T 上均方可微, $Y'(t) = X(t)$.

证明　由 $X = \{X(t), t \in T = [a,b]\}$ 在 T 上均方连续及性质 2 可知,对 $t \in T = [a,b]$, $\int_a^t X(s)\mathrm{d}s$ 总存在,即 $Y(t) = \int_a^t X(s)\mathrm{d}s$ 存在,而

$$E\left|\frac{Y(t+h)-Y(t)}{h} - X(t)\right|^2 = E\left|\frac{1}{h}\int_t^{t+h} X(s)\mathrm{d}s - X(t)\right|^2$$

$$= \left\|\frac{1}{h}\int_t^{t+h} X(s)\mathrm{d}s - X(t)\right\|$$

$$= \left\|\frac{1}{h}\int_t^{t+h} [X(s)-X(t)]\mathrm{d}s\right\|$$

$$\leqslant \frac{1}{h}\int_t^{t+h} \|X(s)-X(t)\|\mathrm{d}s$$

$$\leqslant \max_{|t-s|\leqslant h} \|X(s)-X(t)\| \to 0 \ (h \to 0)$$

所以 $Y'(t) = X(t)$.

性质 8　设 $X = \{X(t), t \in T = [a,b]\}$ 在 T 上均方可微,且 $X'(t)$ 在 T 上均方连续,则

$$\int_a^t X'(s)\mathrm{d}s = X(t) - X(a)$$

特别地，

$$\int_a^b X'(s)\mathrm{d}s = X(b) - X(a)$$

证明　由 $[\int_a^t X'(s)\mathrm{d}s]' = X'(t)$，有

$$\int_a^t X'(s)\mathrm{d}s = X(t) + X$$

令 $t = a$，则 $X = -X(a)$，所以

$$\int_a^t X'(s)\mathrm{d}s = X(t) - X(a)$$

至此，我们已经对一般二阶矩随机过程的均方极限、均方连续、均方可微和均方可积进行了讨论. 具体到二阶矩过程的应用，有两类过程在工程应用中具有特殊的重要性，即高斯过程和平稳过程.

7.3　高斯过程

高斯（Gauss）过程是典型的二阶矩过程，它在随机过程中的地位类似于正态分布在概率论中的作用. 并且，该过程可以由它的一、二阶矩完全确定，所以在工程应用中具有特殊的价值.

7.3.1　高斯随机变量

由概率论知识可知，如果随机变量 X 的概率密度函数为

$$f(x) = \frac{1}{\sqrt{2\pi}\sigma}\exp\{-\frac{(x-\mu)^2}{2\sigma^2}\}, \quad x \in (-\infty, +\infty)$$

则称 X 服从均值为 μ，方差为 σ^2 的高斯分布（正态分布）. 记为 $X \sim N(\mu, \sigma^2)$，其特征函数为

$$\varphi_X(v) = E(\mathrm{e}^{\mathrm{i}vX}) = \mathrm{e}^{\mathrm{i}v\mu - \frac{1}{2}v^2\sigma^2} \tag{7.1}$$

如果 n 维随机变量 $X = (X_1, X_2, \cdots, X_n)$ 的联合概率密度函数为

$$f(x_1, x_2, \cdots, x_n) = \frac{1}{(2\pi)^{n/2}|\boldsymbol{\Sigma}|^{\frac{1}{2}}}\exp\{-\frac{1}{2}(\boldsymbol{x}-\boldsymbol{\mu})'\boldsymbol{\Sigma}^{-1}(\boldsymbol{x}-\boldsymbol{\mu})\}$$

其　中，　$\boldsymbol{x} = (x_1, x_2, \cdots, x_n)'$, $\boldsymbol{\mu} = (\mu_1, \mu_2, \cdots, \mu_n)' = (E(X_1), E(X_2), \cdots, E(X_n))'$, $\boldsymbol{\Sigma} = (\sigma_{ij})_{n\times n}, \sigma_{ij} = Cov(X_i, X_j) = E[(X_i - \mu_i)(X_j - \mu_j)]$，则称 $\boldsymbol{X}$ 服从均值 $\boldsymbol{\mu}$，协方差 $\boldsymbol{\Sigma}$ 的 n 维高斯分布，记为 $\boldsymbol{X} \sim N_n(\boldsymbol{\mu}, \boldsymbol{\Sigma})$，其特征函数为

$$\varphi_X(v_1, v_2, \cdots, v_n) = E(\mathrm{e}^{\mathrm{i}v'X}) = E(\mathrm{e}^{\mathrm{i}\sum_{k=1}^n v_k X_k})$$
$$= \exp\{\mathrm{i}\boldsymbol{u}'\boldsymbol{v} - \frac{1}{2}\boldsymbol{v}'\boldsymbol{\Sigma}\boldsymbol{v}\}$$

即

$$\varphi_X(\boldsymbol{v}) = \exp\{\mathrm{i}\sum_{k=1}^n v_k \mu_k - \frac{1}{2}\sum_{k=1}^n\sum_{l=1}^n v_k v_l \sigma_{kl}\} \tag{7.2}$$

定理 7.3.1   如果高斯随机变量序列 $\{X_n\}$ 均方收敛于随机变量 X，则随机变量 X 服从高斯分布.

证明   为证随机变量 X 服从高斯分布，只需证明 X 的特征函数可以表示为

$$\varphi_X(t) = E(\mathrm{e}^{\mathrm{i}tX}) = \exp\left(\mathrm{i}tE(X) - \frac{1}{2}t^2 D(X)^2\right) \tag{7.3}$$

从而只需证

$$\lim \varphi_{X_n}(t) = \varphi_X(t)$$

即只需证

$$\lim E(X_n) = E(X)，\lim D(X_n) = D(X)$$

由于 $\lim E(|X_n - X|^2) = 0$，故当 $n \to +\infty$ 时，有

$$|E(X_n - X)| \leqslant E(|X_n - X|) \leqslant \sqrt{E(|X_n - X|^2)} \to 0$$

$$\left|\sqrt{D(X_n)} - \sqrt{D(X)}\right|^2 \leqslant |D(X_n - X)| \leqslant E(|X_n - X|^2) - E^2(X_n - X) \to 0$$

$$\left|\varphi_{X_n}(t) - \varphi_X(t)\right| = \left|E(\mathrm{e}^{\mathrm{i}tX_n} - \mathrm{e}^{\mathrm{i}tX})\right| \leqslant |t|\,|E(X_n - X)| \to 0$$

于是，定理得证.

7.3.2 高斯过程

1. 高斯过程的定义

定义 7.3.1   对随机过程 $X = \{X(t), t \in T\}$，如果对任意的 $n \geqslant 1$ 以及任意的 $t_1, t_2, \cdots, t_n \in T$，$n$ 维随机变量 $(X(t_1), X(t_2), \cdots, X(t_n))$ 的联合分布是 n 维高斯分布，则称随机过程 $X = \{X(t), t \in T\}$ 是**高斯过程**或**正态过程**.

定理 7.3.2   随机过程 $X = \{X(t), t \in T\}$ 为高斯过程的充要条件是如果对任意的 $t_1, t_2, \cdots, t_n \in T$ 以及任意的 $\alpha_1, \alpha_2, \cdots, \alpha_n \in \mathbf{R}$，使得线性组合 $\alpha_1 X(t_1) + \alpha_2 X(t_2) + \cdots + \alpha_n X(t_n)$ 是一个高斯随机变量.

证明   先证必要性. 如果对任意的 $n \geqslant 1$ 以及任意的 $t_1, t_2, \cdots, t_n \in T$，$(X(t_1), X(t_2), \cdots, X(t_n))$ 是 n 维高斯变量，则可得 $(X(t_1), X(t_2), \cdots, X(t_n))$ 的特征函数为

$$\varphi_X(t_1, t_2, \cdots, t_n; v_1, v_2, \cdots, v_n) = \exp\left\{\mathrm{i}\sum_{k=1}^{n} v_k m_X(t_k) - \frac{1}{2}\sum_{k=1}^{n}\sum_{l=1}^{n} v_k v_l \sigma_{kl}(t_k, t_l)\right\}$$

其中

$$E[X(t_k)] = m_X(t_k)，Cov[X(t_k), X(t_l)] = \sigma_{kl}(t_k, t_l)$$

令 $\xi = \sum_{k=1}^{n} a_k X(t_k)$，则 ξ 的特征函数为

$$\varphi_\xi(v) = E(\mathrm{e}^{\mathrm{i}v\xi}) = E[\mathrm{e}^{\mathrm{i}\sum_{k=1}^{n}(a_k v)X(t_k)}]$$

$$= \exp\left\{\mathrm{i}\sum_{k=1}^{n} a_k v m_X(t_k) - \frac{v^2}{2}\sum_{k=1}^{n}\sum_{l=1}^{n} a_k a_l \sigma_{kl}(t_k, t_l)\right\}$$

$$= \exp\{ivE(\xi) - \frac{v^2}{2}DE\}$$

上式与式（7.1）的形式相同，所以 $\xi = \sum_{k=1}^{n} a_k X(t_k)$ 是一个高斯变量.

再证充分性. 若对任意的 $n \geq 1$ 以及任意的 $t_1, t_2, \cdots, t_n \in T$，任意的 $\alpha_1, \alpha_2, \cdots, \alpha_n \in \mathbf{R}$，$\xi = \sum_{k=1}^{n} a_k X(t_k)$ 是一个高斯变量，则其特征函数为

$$\varphi_\xi(v) = E[e^{iv\sum_{k=1}^{n} a_k X(t_k)}]$$

$$= \exp\{ivE[\sum_{k=1}^{n} a_k X(t_k)] - \frac{v^2}{2}D[\sum_{k=1}^{n} a_k X(t_k)]\}$$

$$= \exp\{iv\sum_{k=1}^{n} a_k vm_X(t_k) - \frac{v^2}{2}\sum_{k=1}^{n}\sum_{l=1}^{n} a_k a_l \sigma_{kl}(t_k, t_l)\}$$

而

$$\varphi_\xi(1) = \exp\{i\sum_{k=1}^{n} a_k vm_X(t_k) - \frac{v^2}{2}\sum_{k=1}^{n}\sum_{l=1}^{n} a_k a_l \sigma_{kl}(t_k, t_l)\}$$

$$= \varphi_X(t_1, t_2, \cdots, t_n; v_1, v_2, \cdots, v_n)$$

与 n 维高斯变量的特征函数相同，所以 $(X(t_1), X(t_2), \cdots, X(t_n))$ 是 n 维高斯变量.

例 7.3.1　证明布朗运动 $\{B(t), t \geq 0\}$ 是正态过程.

证明　设布朗运动始于 a. 对于 $0 < t_1 < t_2 < \cdots < t_n$，令

$$Y_1 = B(t_1) = B(t_1) - B(0)$$
$$Y_2 = B(t_2) - B(t_1)$$
$$\cdots$$
$$Y_n = B(t_n) - B(t_{n-1})$$

由布朗运动定义知，$Y_1, Y_2, \cdots, Y_n$ 相互独立，且服从正态分布. 而

$$\begin{cases} B(t_1) = a + Y_1 \\ B(t_2) = a + Y_1 + Y_2 \\ \cdots \\ B(t_n) = a + Y_1 + Y_2 + \cdots + Y_n \end{cases} \tag{7.4}$$

$(B(t_1), \cdots, B(t_n))'$ 为 $Y_1, Y_2, \cdots, Y_n$ 的线性变换形成，由正态分布的性质知，$(B(t_1), \cdots, B(t_n))'$ 为 n 维正态分布.

所以，布朗运动 $\{B(t), t \geq 0\}$ 是高斯过程.

由定义 7.3.1 可得如下定理.

定理 7.3.3　随机过程 $X = \{X(t), t \in T\}$ 是高斯过程的充要条件：

（1）对每一个 $t \in T$，$E[X^2(t)] < +\infty$；

（2）对每一个有限点集 $\{(t_1, t_2, \cdots, t_n) \in T\}$，$(X(t_1), X(t_2), \cdots, X(t_n))$ 的特征函数为

$$\varphi_X(t_1,t_2,\cdots,t_n)=E[\exp\{\mathrm{i}\sum_{k=1}^{n}v_kX(t_k)\}]$$

$$=\exp\{\mathrm{i}\sum_{k=1}^{n}a_kvm_X(t_k)-\frac{v^2}{2}\sum_{k=1}^{n}\sum_{l=1}^{n}a_ka_l\sigma_{kl}(t_k,t_l)\}$$

其中 $m_X(t_k)=E[X(t_k)]$，$\sigma_{kl}(t_k,t_l)=E\{[X(t_k)-m_X(t_k)][X(t_l)-m_X(t_l)]\}$．

2. 高斯过程的性质

设 $X=\{X(t),t\in T\}$ 是高斯过程，有以下结论．

（1）对任意的 $a,b\in\mathbf{R}$，$aX(t)+b$ 是高斯过程．

（2）$f(t)$ 是普通函数，$f(t)X(t)$ 是高斯过程．

由高斯随机变量的线性函数仍是高斯随机变量可知，性质（1）、（2）是显然的．

（3）对于高斯随机变量序列 $\{X_n,n\geq1\}$，若 $X_n\xrightarrow{2}X,X_n\sim N(\mu_n,\sigma_n^2)$，$\lim\limits_{n\to+\infty}\mu_n=\mu$，$\lim\limits_{n\to+\infty}\sigma_n^2=\sigma^2$，则 $X\sim N(\mu,\sigma^2)$．

证明　由 $X_n\xrightarrow{2}X$ 以及均方收敛的矩的性质，有

$$\lim_{n\to+\infty}E(X_n)=E(X),\lim_{n\to+\infty}(X_n^2)=E(X^2)$$

从而

$$\lim_{n\to+\infty}\mu_n=\mu,\lim_{n\to+\infty}\sigma_n^2=\sigma^2$$

又由 $X_n\xrightarrow{2}X$，必有 X_n 的分布的极限即为 X 的分布，即

$$\lim_{n\to+\infty}f_n(x)=\lim_{n\to+\infty}\frac{1}{\sqrt{2\pi}\sigma_n}\exp\{-\frac{(x-\mu_n)^2}{2\sigma_n^2}\}$$

$$=\frac{1}{\sqrt{2\pi}\sigma}\exp\{-\frac{(x-\mu)^2}{2\sigma^2}\}=f(x)$$

所以

$$X\sim N(\mu,\sigma^2)$$

性质（3）说明高斯随机变量序列均方收敛的极限仍是高斯随机变量．所以，若 $X=\{X(t),t\in T\}$ 是高斯过程，那么不仅任一个线性组合 $\sum_{k=1}^{n}a_kX(t_k)$ 是高斯变量，而且这样的线性组合序列的均方收敛极限也一定是高斯随机变量，从而高斯过程经线性运算后仍是高斯过程．

（4）设 $\boldsymbol{X}^{(n)}=(X_1^{(n)},X_2^{(n)},\cdots,X_k^{(n)})$ 是 k 维实高斯随机向量序列，$n\geq1$．如果对每一个 i，$X_i^{(n)}\xrightarrow{2}X_i,1\leq i\leq n$，则 $\boldsymbol{X}$ 也是 k 维实高斯向量．

证明　事实上，若记 $E(\boldsymbol{X}^{(n)})=\boldsymbol{m}^{(n)}=(m_1^{(n)},m_2^{(n)},\cdots,m_k^{(n)})$，$E(\boldsymbol{X})=\boldsymbol{m}=(m_1,m_2,\cdots,m_k)$，其中 $m_{ij}^{(n)}=E[X_i^{(n)}]=E(X_i)$．

$$\boldsymbol{\Sigma}^{(n)}=(\sigma_{ij}^{(n)})_{k\times k},\boldsymbol{\Sigma}=(\sigma_{ij})_{k\times k}$$

其中 $\sigma_{ij}^{(n)}=E[(X_i^{(n)}-m_i^{(n)})(X_j^{(n)}-m_j^{(n)})],\sigma_{ij}=E[(X_i-m_i)(X_j-m_j)]$．

由 $\boldsymbol{X}^{(n)} \overset{2}{\to} \boldsymbol{X}$，有 $m_i^{(n)} \to m_i$，$\sigma_{ij}^{(n)} \to \sigma_{ij}$ $(n \to +\infty)$．

记 $\boldsymbol{X}^{(n)}$ 的特征函数为 $\varphi_n(v_1, v_2, \cdots, v_k)$，$\boldsymbol{X}$ 的特征函数为 $\varphi_X(v_1, v_2, \cdots, v_k)$，则

$$\varphi_n(v_1, v_2, \cdots, v_k) = \exp\{\mathrm{i}\sum_{l=1}^{k} v_l m_l^{(n)} - \frac{1}{2}\sum_{l=1}^{k}\sum_{h=1}^{k} v_l v_h \sigma_{lh}^{(n)}\}$$

由 $\boldsymbol{X}^{(n)} \overset{2}{\to} \boldsymbol{X}$，知 $\boldsymbol{X}^{(n)}$ 的分布的极限与 $\boldsymbol{X}$ 的分布相同，从而

$$\lim_{n \to +\infty} \varphi_n(v_1, v_2, \cdots, v_k) = \exp\{\mathrm{i}\sum_{l=1}^{k} v_l m_l^{(n)} - \frac{1}{2}\sum_{l=1}^{k}\sum_{h=1}^{k} v_l v_h \sigma_{lh}^{(n)}\}$$
$$= \varphi(v_1, v_2, \cdots, v_k)$$

所以 $\boldsymbol{X} = (X_1, X_2, \cdots, X_k)$ 为 k 维高斯向量．

（5）设 $X = \{X(t), t \in T\}$ 是高斯实随机过程，且在 T 上均方可导，即 $X'(t)$ 存在，则可导过程 $X' = \{X'(t), t \in T\}$ 也是高斯过程．

证明　要证 X' 是高斯过程，只需证其有限维分布是高斯的．即对任意的 $k \geqslant 1$，任意的 $t_1, t_2, \cdots, t_k \in T$，$(X'(t_1), X'(t_2), \cdots, X'(t_k))$ 是 k 维高斯变量．由于

$$\begin{bmatrix} \dfrac{X(t_1+h)-X(t_1)}{h} \\ \dfrac{X(t_2+h)-X(t_2)}{h} \\ \vdots \\ \dfrac{X(t_k+h)-X(t_k)}{h} \end{bmatrix}_{k \times 1} = \begin{bmatrix} \dfrac{1}{h} & -\dfrac{1}{h} & 0 & 0 & \cdots & 0 & 0 \\ 0 & 0 & \dfrac{1}{h} & -\dfrac{1}{h} & \cdots & 0 & 0 \\ \vdots & \vdots & \vdots & \vdots & & \vdots & \vdots \\ 0 & 0 & 0 & 0 & \cdots & \dfrac{1}{h} & -\dfrac{1}{h} \end{bmatrix}_{k \times 2k} \begin{bmatrix} X(t_1+h) \\ X(t_1) \\ X(t_2+h) \\ X(t_2) \\ \vdots \\ X(t_k+h) \\ X(t_k) \end{bmatrix}_{2k \times 1}$$

是 $(X(t_1+h), X(t_1), X(t_2+h), X(t_2), \cdots, X(t_k+h), X(t_k))$ 的线性组合，所以

$$\left(\frac{X(t_1+h)-X(t_1)}{h}, \frac{X(t_2+h)-X(t_2)}{h}, \cdots, \frac{X(t_k+h)-X(t_k)}{h} \right)$$

是 k 维高斯变量．由性质（3）知 $(X'(t_1), X'(t_2), \cdots, X'(t_k))$ 也是 k 维高斯变量．

若记 $E[X(t)] = m_X(t)$，$Cov[X(t_i), X(t_j)] = \sigma_{ij}$，则

$$m_{X'}(t) = E[X'(t)] = m_X'(t)$$

$$Cov[X'(t_i), X'(t_j)] = \frac{\partial^2 \sigma_{ij}}{\partial t_i \partial t_j}$$

于是对任意的 $t_1, t_2, \cdots, t_k \in T$，$(X'(t_1), X'(t_2), \cdots, X'(t_k))$ 的特征函数为

$$\varphi_{X'}(t_1, t_2, \cdots, t_k; v_1, v_2, \cdots, v_k) = \exp\{\mathrm{i}\sum_{l=1}^{k} v_l m'(t_i) - \frac{1}{2}\sum_{l=1}^{k}\sum_{h=1}^{k} v_l v_h \frac{\partial^2 \sigma_{ij}}{\partial t_i \partial t_j}\}$$

（6）设 $X = \{X(t), t \in T\}$ 是 T 上均方可积的实高斯过程，则 $Y(t) = \int_a^t X(s)\mathrm{d}s$ 也是高斯过程，其中 $a, t \in T$．

证明　由

$$Y(t_i) = \int_a^{t_i} X(s)\mathrm{d}s \overset{2}{=} \lim_{n_i} \sum_{l=1}^{n_i} X(s_l^{(n_i)})\Delta s_l^{(n_i)}$$

其中, $a = s_0^{(n_i)} < s_1^{(n_i)} < \cdots < s_{n_i}^{(n_i)} = t_i$ 是 $[a, t_i]$ 上的分点, $s_l^{(n_i)}$ 是 $[s_{n_{l-1}}^{(n_i)}, s_{n_l}^{(n_i)}]$ 上的任一点, $\Delta s_{n_l}^{(n_i)} = s_{n_l}^{(n_i)} - s_{n_{l-1}}^{(n_i)}$, $i = 1, 2, \cdots, k$.

$$
\begin{bmatrix}
\sum_{l=1}^{n_1} X(s_l^{(n_1)}) \Delta s_l^{(n_1)} \\
\sum_{l=1}^{n_2} X(s_l^{(n_2)}) \Delta s_l^{(n_2)} \\
\vdots \\
\sum_{l=1}^{n_k} X(s_l^{(n_k)}) \Delta s_l^{(n_k)}
\end{bmatrix}_{k \times 1}
=
\begin{bmatrix}
\Delta s_1^{(n_1)} \cdots \Delta s_{n_1}^{(n_1)} & 0 \cdots 0 & \cdots & 0 \cdots 0 \\
0 \cdots 0 & \Delta s_1^{(n_2)} \cdots \Delta s_{n_2}^{(n_2)} & \cdots & 0 \cdots 0 \\
\vdots & \vdots & \vdots & \vdots \\
0 \cdots 0 & 0 \cdots 0 & \cdots & \Delta s_1^{(n_k)} \cdots \Delta s_{n_k}^{(n_k)}
\end{bmatrix}_{k \times \sum_{l=1}^{k} n_l}
=
\begin{bmatrix}
X(s_1^{(n_1)}) \\
\vdots \\
X(s_{n_1}^{(n_1)}) \\
X(s_1^{(n_2)}) \\
\vdots \\
X(s_{n_2}^{(n_2)}) \\
\vdots \\
X(s_1^{(n_k)}) \\
\vdots \\
X(s_{n_k}^{(n_k)})
\end{bmatrix}_{\sum_{l=1}^{k} n_l \times 1}
$$

所以

$$\left(\sum_{l=1}^{n_1} X(s_l^{(n_1)}) \Delta s_l^{(n_1)}, \sum_{l=1}^{n_2} X(s_l^{(n_2)}) \Delta s_l^{(n_2)}, \cdots, \sum_{l=1}^{n_k} X(s_l^{(n_k)}) \Delta s_l^{(n_k)} \right)$$

是 $(X(s_1^{(n_1)}), \cdots, X(s_{n_1}^{(n_1)}), X(s_1^{(n_2)}), \cdots, X(s_{n_2}^{(n_2)}), \cdots, X(s_1^{(n_k)}), \cdots, X(s_{n_k}^{(n_k)}))$ 的线性组合. 类似于性质（5）的证明, 问题得证.

由 $Y(t) = \int_a^t X(s) \mathrm{d}s$, 有

$$m_Y(t) = E[Y(t)] = \int_a^t E[X(s)] \mathrm{d}s = \int_a^t m_X(s) \mathrm{d}s$$

$$C_Y(s,t) = \int_a^t \int_a^s C_X(u,v) \mathrm{d}u \mathrm{d}v$$

同样可得 $(Y(t_1), Y(t_2), \cdots, Y(t_k))$ 的特征函数.

若 $X = \{X(t), t \in T\}$ 是实高斯过程, $f(t)$ 是 T 上的连续函数, 则 $f(t)X(t)$ 是高斯过程. 若 $f(t)X(t)$ 在 T 上可积, 由性质（6）知, $Z(t) = \int_a^t f(s) r(s) \mathrm{d}s$ 是一个高斯过程.

同理, 若 $f(s,t)$ 是 $T \times T$ 上的二元连续函数, $X(t)f(t,s)$ 在 T 上均方可积, 则 $Y(t) = \int_T X(s) f(t,s) \mathrm{d}s$ 也是一个高斯过程.

特别地, $Y = \int_a^b X(t) \mathrm{d}t$ 是一个高斯变量, 且

$$E(Y) = \int_a^b E[X(t)] \mathrm{d}t = \int_a^b m_X(t) \mathrm{d}t$$

$$E(Y^2) = E\left[\int_a^b X(t) \mathrm{d}t \int_a^b X(s) \mathrm{d}s \right] = \int_a^b \int_a^b R_X(s,t) \mathrm{d}s \mathrm{d}t$$

于是 $Y \sim N\left(\int_a^b m_X(t) \mathrm{d}t, \int_a^b \int_a^b R_X(s,t) \mathrm{d}s \mathrm{d}t - \left[\int_a^b m_X(t) \mathrm{d}t \right]^2 \right)$.

类似可得高斯变量 $Y = \int_a^b f(t)X(t) \mathrm{d}t$ 的分布.

联系第 6 章讨论过的马尔科夫过程, 我们有如下关于高斯马尔科夫过程的结论.

定理 7.3.4 若 $X = \{X(t), t \in T\}$ 是实高斯过程, 且 $E[X(t)]^2 \neq 0$, 则它同时是马尔科夫过

程的充要条件是其规范化相关函数满足 $\rho(t_1,t_3) = \rho(t_1,t_2)\rho(t_2,t_3), t_1 < t_2 < t_3$.

由于该定理的证明要用到一般条件期望等概念,故从略.

7.4 平稳过程

马尔科夫过程以其无后效性的特征在工程技术和经济金融等领域得以大量应用,但现实中却存在相当多的过程,其当前和过去状态都对未来产生重要影响.其中一类过程,一方面因受随机因素的影响而随时间的变化产生随机波动;另一方面其前后状态又相互联系,并且这种联系不随时间的推移而改变.这类过程的研究最早由辛钦在 20 世纪 30 年代开创,并因其"联系"上的稳定性而被称为平稳过程.平稳过程抓住了相当一部分系统的本质特征,而被广泛应用于自然科学、经济和社会等学科中.此外,平稳过程之所以重要还因为在随机过程中遍历定理和谱的概念是首先对平稳过程定义的.

7.4.1 平稳过程的定义与性质

简而言之,平稳过程 $X = \{X(t), t \in T\}$ 就是其统计特性不随时间推移而变化的随机过程.

定义 7.4.1 设 $X = \{X(t), t \in T\}$ 为一个随机过程,若对任意正整数 $n \geq 1$ 及 $t_i, t_i + h \in T, 1 \leq i \leq n$,有

$$\{X(t_1), X(t_2), \cdots, X(t_n)\} \overset{d}{=} \{X(t_1+h), X(t_2+h), \cdots, X(t_n+h)\} \tag{7.5}$$

则称随机过程 X 为**严平稳过程**.这里 "$\overset{d}{=}$" 表示等式两边的 n 维随机变量具有相同的分布.

严平稳过程的一个直观解释是"在每一个空间区域中,存在一个支配物质分布及其运动的特定随机机理,而对于所有区域来说这个机理都是一样的(Neyman 和 Scott)".

在定义中令 $n=1$,则对任意的 $t, t+h \in T$,有 $X(t) \overset{d}{=} X(t+h)$.特别地,令 $h=-t$,则 $X(t) \overset{d}{=} X(0)$.若严平稳过程 $X = \{X(t), t \in T\}$ 存在二阶矩,则其均值函数为

$$m_X(t) = E[X(t)] = E[X(0)] = m_X(0)$$

均方值函数为

$$\psi_X(t) = E[X(t)]^2 = E[X(0)]^2 = \psi_X(0)$$

方差函数为

$$\sigma_X^2(t) = \psi_X(t) - [m_X(t)]^2 = \psi_X(0) - [m_X(0)]^2$$

均为常数.

自相关函数

$$R_X(s,t) = E[X(s)X(t)] = E[X(0)X(t-s)] = R_X(t-s)$$

只与时间间隔有关.

一般来说,用分布函数来研究随机过程往往是比较复杂的,而严平稳过程所要求的所有有限维分布都与起点无关显然是一个十分苛刻的条件.并且在实际问题中,常常是研究随机

过程的一、二阶矩等数字特征已经能够反映工程的要求,为此下面引入宽平稳过程的概念.

定义 7.4.2　设 $X = \{X(t), t \in T\}$ 是一个二阶矩过程,若对任意的 $s, t \in T$,有

（1）$m_X(t) = E[X(t)] = m$（m 为常数）;

（2）$R_X(s,t) = E[X(s)\overline{X(t)}] = R_X(t - s)$,

则称 X 为**宽平稳过程**,又称广义平稳过程.

由于在工程中更多应用的是宽平稳过程,故常将宽平稳过程简称为**平稳过程**.

注意,由于严平稳过程的二阶矩不一定存在,所以严平稳过程不一定是宽平稳过程.反过来,由于宽平稳过程的有限维分布不一定满足式（7.5）,所以宽平稳过程也不一定是严平稳过程.但如果严平稳过程是二阶矩过程,则同时为宽平稳过程.此外,对高斯过程,若是严平稳过程,则必为宽平稳过程;反之,若是宽平稳过程,则必为严平稳过程,即对高斯过程而言,严平稳与宽平稳等价.

例 7.4.1　讨论 $X(t) = A\cos(\omega_0 t + \varphi)$ 是否为宽平稳过程,其中 A,ω_0 是常量,φ 是 $(0, 2\pi)$ 上服从均匀分布的随机变量.

解　$E\big[X(t)\big] = \int_0^{2\pi} \dfrac{1}{2\pi} A\cos(\omega_0 t + \varphi)\mathrm{d}t = 0$

$$R_X(t, t + \tau) = E\big[A\cos(\omega_0 t + \varphi)A\cos(\omega_0 t + \omega_0 \tau + \varphi)\big]$$

$$= \frac{A^2}{2} E\big[\cos(\omega_0 \tau) + \cos(2\omega_0 t + \omega_0 \tau + 2\varphi)\big] = \frac{A^2}{2}\cos(\omega_0 \tau)$$

显然,$X(t)$ 的均值为常数,自相关函数只与 τ 有关,所以 $X(t)$ 是宽平稳过程.

例 7.4.2　讨论 $X(t) = tY$ 是否为宽平稳过程,其中 Y 是非零均值的随机变量.

解　$E\big[X(t)\big] = E[tY] = tE[Y]$

显然,$X(t)$ 与时间 t 有关,故 $X(t)$ 不是宽平稳过程.

作为二阶矩过程的特例,可以得到宽平稳过程在随机分析上的若干结论和性质.

定理 7.4.1（平稳过程均方连续准则）　平稳过程 $\{X(t), t \in T\}$ 均方连续的充要条件是自相关函数 $R_X(\tau)$ 在 $\tau = 0$ 处连续.

性质 1　若平稳过程 $\{X(t), t \in T\}$ 的自相关函数 $R_X(\tau)$ 在 $\tau = 0$ 处连续,则必然处处连续.

证明　记 $R(s,t) = R_X(s - t)$,若 $R_X(\tau)$ 在 $\tau = 0$ 处连续,则 $R(s,t)$ 在任意的 (t,t) 连续.根据定理 7.2.1 及其推论,$R(s,t)$ 在任意的 (s,t) 连续,从而 $R_X(\tau)$ 处处连续.

性质 2　若平稳过程自相关函数 $R_X(\tau)$ 具有连续的二阶导数,则该平稳过程必是均方可微的.

证明　记 $R(s,t) = R_X(s - t)$,若 $R_X(\tau)$ 具有连续的二阶导数,则 $R(s,t)$ 在任意的 (s,t) 具有连续的二阶偏导数.根据定理 7.2.2,$R(s,t)$ 在任意的 (s,t) 存在广义二阶导数,该平稳过程必是均方可微的.

性质 3　若平稳过程 $\{X(t), t \in T\}$ 是均方可微的,$\{X'(t), t \in T\}$ 也是平稳过程,且

$$E[X'(t)] = 0$$

$$R_{X'}(\tau) = -R_X''(\tau)$$

证明 设 $X(t)$ 的均值函数为 $E[X(t)] = m_X$(常数),一元自相关函数为 $R_X(\tau)$,则

$$E[X'(t)] = [EX(t)]' = 0$$

$X(t)$ 的二元自相关函数为 $R(s,t) = R_X(s-t)$,其是由 $R_X(\tau), \tau = s-t$ 复合而成,所以

$$E[X'(s)\overline{X(t)}] = \frac{\partial R(s,t)}{\partial s} = R'_X(s-t)(s-t)'_s = R'_X(s-t)$$

$$E[X'(s)\overline{X'(t)}] = \frac{\partial^2 R_X(s,t)}{\partial s \partial t} = R''_X(s-t)(s-t)'_t = -R''_X(s-t)$$

所以 $\{X'(t), t \in T\}$ 也是平稳过程,且有 $R_{X'}(\tau) = E[X'(s)\overline{X'(s-\tau)}] = -R''_X(\tau)$.

7.4.2 平稳过程的功率谱密度

在讨论随机过程的功率谱密度之前,简要分析一下确定性函数的频谱、能谱密度及能量的概念,对于该内容的理解是有帮助的.

1. 确定性时间函数的功率谱密度

设 $x(t)$ 是一个确定性信号,即关于时间 t 的确定性函数. 由高等数学知识可知,如果 $x(t)$ 是一个以 T 为周期的信号,并且满足狄利克雷(Dirichlet)条件,则 $x(t)$ 可以在区间 $\left[-\frac{T}{2}, \frac{T}{2}\right]$ 上展开为傅里叶级数;如果 $x(t)$ 是一个定义在 $(-\infty, +\infty)$ 上的非周期信号,并且绝对可积,则 $x(t)$ 的傅里叶(Fourier)变换存在,或者说 $x(t)$ 具有频谱

$$F(\omega) = \int_{-\infty}^{+\infty} x(t)e^{-i\omega t}dt, \quad i^2 = -1$$

通常,$F(\omega)$ 为复数,且有 $\overline{F(\omega)} = F(-\omega)$. 其逆傅里叶逆变换为

$$x(t) = \frac{1}{2\pi}\int_{-\infty}^{+\infty} F(\omega)e^{i\omega t}d\omega$$

进而有

$$\int_{-\infty}^{+\infty} x^2(t)dt = \int_{-\infty}^{+\infty} x(t)[\frac{1}{2\pi}\int_{-\infty}^{+\infty} F(\omega)e^{i\omega t}d\omega]dt$$

$$= \frac{1}{2\pi}\int_{-\infty}^{+\infty} F(\omega)d\omega \int_{-\infty}^{+\infty} x(t)e^{i\omega t}dt$$

$$= \frac{1}{2\pi}\int_{-\infty}^{+\infty} F(\omega)\overline{F(\omega)}d\omega$$

即

$$\int_{-\infty}^{+\infty} x^2(t)dt = \frac{1}{2\pi}\int_{-\infty}^{+\infty} |F(\omega)|^2 d\omega \tag{7.6}$$

这就是著名的巴塞伐尔(Parseval)公式.

就物理意义而言,如果把 $x(t)$ 看作加在 1Ω 电阻上的电压,则 $\int_{-\infty}^{+\infty} x^2(t)dt$ 就是消耗在该电阻上的总能量,因而又将 $|F(\omega)|^2$ 称为能谱密度. 式(7.6)意味着 $x(t)$ 的全部能量可以按所有频率进行分解. 从这个意义上看,巴塞伐尔公式可理解为总能量的谱表示.

　　但一般情况下,因为持续时间是无限的,所以 $x(t)$ 的总能量也是无限的,即 $\int_{-\infty}^{+\infty} x^2(t)\mathrm{d}t = +\infty$,因而不能满足傅里叶变换的条件,即这类时间函数的频谱不存在. 为此引入平均功率和功率谱密度的概念. 这是因为尽管 $x(t)$ 的总能量是无限的,但它的平均功率却是有限值,即 $\lim\limits_{T\to+\infty} \dfrac{1}{2T}\int_{-T}^{+T} x^2(t)\mathrm{d}t < +\infty$,按照上述物理背景,该式可看作 $x(t)$ 消耗在 1Ω 电阻上的平均功率. 所以,对这样的信号 $x(t)$,尽管研究它的频谱没有意义,但研究其平均功率却是有意义的.

　　因此,定义截尾函数:

$$x_T(t) = \begin{cases} x(t), & |t| \le T \\ 0, & |t| > T \end{cases}$$

由于 $x(t)$ 在有限区间上的总能量是有限的,所以 $x_T(t)$ 的傅里叶变换存在,且

$$F(\omega, T) = \int_{-\infty}^{+\infty} x_T(t)\mathrm{e}^{-\mathrm{i}\omega t}\,\mathrm{d}t = \int_{-T}^{T} x(t)\mathrm{e}^{-\mathrm{i}\omega t}\mathrm{d}t$$

$F(\omega, t)$ 的逆傅里叶变换为

$$x_T(t) = \frac{1}{2\pi}\int_{-\infty}^{+\infty} F(\omega, T)\mathrm{e}^{\mathrm{i}\omega t}\mathrm{d}\omega$$

于是由巴塞伐尔公式,得

$$\int_{-\infty}^{+\infty} x_T^2(t)\mathrm{d}t = \int_{-T}^{T} x_T^2(t)\mathrm{d}t = \frac{1}{2\pi}\int_{-\infty}^{+\infty} |F(\omega, T)|^2\,\mathrm{d}\omega$$

从而

$$\frac{1}{2\pi}\int_{-T}^{T} x_T^2(t)\mathrm{d}t = \frac{1}{2\pi T}\int_{-\infty}^{+\infty} |F(\omega, T)|^2\,\mathrm{d}\omega$$

令 $T \to +\infty$,有

$$\lim_{T\to+\infty} \frac{1}{2T}\int_{-T}^{T} x_T^2(t)\mathrm{d}t = \frac{1}{2\pi}\int_{-\infty}^{+\infty} \lim_{T\to+\infty} \frac{1}{2T}|F(\omega, T)|^2\,\mathrm{d}\omega$$

$$P_x = \lim_{T\to+\infty} \frac{1}{2T}\int_{-T}^{T} x_T^2(t)\mathrm{d}t$$

$$S(\omega) = \lim_{T\to+\infty} \frac{1}{2T}|F(\omega, t)|^2$$

显然,根据前述物理意义,P_x 可看作 $x(t)$ 消耗在 1Ω 电阻上的平均功率,$S(\omega)$ 可看作 $x(t)$ 的平均功率密度,也称为功率谱密度,并且有

$$P_x = \frac{1}{2\pi}\int_{-\infty}^{+\infty} S(\omega)\mathrm{d}\omega$$

由上述分析可以看出,所谓功率谱密度,就是有下述特点的信号频率函数:

（1）当在整个频率范围内对其积分以后,就得到信号的总功率;

（2）它描述了在各个不同频率上功率分布的情况.

　　有了上述关于确定性信号的分析,下面就可以借助上述分析来讨论平稳随机过程的谱密度.

2. 平稳过程的功率谱密度

首先考虑一般随机过程 $X = \{X(t), -\infty < t < +\infty\}$，与确定性函数的分析一样，定义截尾随机过程：

$$X_T(t) = \begin{cases} X(t), & |t| \leq T \\ 0, & |t| > T \end{cases}$$

显然当 $T \to +\infty$ 时，$X_T(t) \to X(t)$，且 $X_T(t)$ 均方可积，其傅里叶变换为

$$F_X(\omega, T) = \int_{-\infty}^{+\infty} X_T(t) e^{-i\omega t} dt = \int_{-T}^{T} X(t) e^{-i\omega t} dt \tag{7.7}$$

注意，之所以在 $F_X(\omega, T)$ 中引入符号 ω 是因为对随机过程而言，不同的 ω 对应不同的样本函数，这也恰恰反映了确定性信号和随机信号之间的联系．

对应的逆傅里叶变换为

$$X_T(t) = \frac{1}{2\pi} \int_{-\infty}^{+\infty} F_X(\omega, T) e^{i\omega t} dt$$

于是由巴塞伐尔公式，得

$$\int_{-\infty}^{+\infty} X_T^2(t) dt = \int_{-T}^{T} X_T^2(t) dt = \frac{1}{2\pi} \int_{-\infty}^{+\infty} |F_X(\omega, T)|^2 d\omega$$

由于 $X_T(t)$ 是随机过程，考虑单一轨道大多数情况下是没有意义的，因此上式两端同时取极限，有

$$\lim_{T \to \infty} E\left[\frac{1}{2T} \int_{-T}^{T} X_T^2(t) dt\right] = \frac{1}{2\pi} \int_{-\infty}^{+\infty} \lim_{T \to \infty} E\left[\frac{1}{2T} |F(\omega, T)|^2\right] d\omega$$

如果 $\lim\limits_{T \to \infty} E\left[\dfrac{1}{2T} \int_{-T}^{T} X_T^2(t) dt\right]$ 存在，记

$$P_X = \lim_{T \to \infty} E\left[\frac{1}{2T} \int_{-T}^{T} X_T^2(t) dt\right] = \lim_{T \to \infty} \frac{1}{2T} \int_{-T}^{T} E[X^2(t)] dt$$

$$S_X(\omega) = \lim_{T \to \infty} \frac{1}{2T} E\left[|F_X(\omega, T)|^2\right] \tag{7.8}$$

则与确定函数情形相对应，称 P_X 为 $X(t)$ 的平均功率，$S_X(\omega)$ 为 $X(t)$ 的功率谱密度．显然，功率谱密度 $S_X(\omega)$ 是从频率角度描述 $X(t)$ 的数字特征．但需要注意的是，$S_X(\omega)$ 仅仅表示 $X(t)$ 的平均功率按频率分布的情况，没有包括过程 $X(t)$ 的任何相位信息．

注意，实际问题中，由于频率不可能是负的，故工程应用中常采用单边功率谱密度．如果把 $-\omega$ 处的谱密度加到 ω 处，使谱密度只在正实轴上有定义，则称之为单边功率谱密度．单边功率谱密度用 $G(\omega)$ 表示，则

$$\begin{aligned} G(\omega) &= \begin{cases} \lim\limits_{T \to \infty} \dfrac{1}{T} E\left[|F_X(\omega, T)|^2\right], & \omega \geq 0 \\ 0, & \omega < 0 \end{cases} \\ &= \begin{cases} 2S_X(\omega), & \omega \geq 0 \\ 0, & \omega < 0 \end{cases} \end{aligned}$$

3. 平稳过程的功率谱密度和相关函数之间的关系

由前面的讨论可知,相关函数是从时间角度描述过程统计规律的最主要数字特征,而功率谱密度是从频率角度描述过程统计规律性的数字特征. 二者描述的是同一对象,那么二者之间的关系是怎样的呢?

事实上,由式(7.7)和式(7.8),得

$$
\begin{aligned}
S_X(\omega) &= \lim_{T \to +\infty} \frac{1}{2T} E[|F_X(\omega, T)|^2] \\
&= \lim_{T \to +\infty} \frac{1}{2T} E\{[\int_{-T}^{T} X(t) \mathrm{e}^{-\mathrm{i}\omega t} \mathrm{d}t][\int_{-T}^{T} \overline{X(s)} \mathrm{e}^{-\mathrm{i}\omega s} \mathrm{d}s]\} \\
&= \lim_{T \to +\infty} \frac{1}{2T} E[\int_{-T}^{T} \int_{-T}^{T} X(t) \overline{X(s)} \mathrm{e}^{-\mathrm{i}\omega(t-s)} \mathrm{d}t \mathrm{d}s] \\
&= \lim_{T \to +\infty} \frac{1}{2T} \int_{-T}^{T} \int_{-T}^{T} E[X(t) \overline{X(s)}] \mathrm{e}^{-\mathrm{i}\omega(t-s)} \mathrm{d}t \mathrm{d}s \\
&= \lim_{T \to +\infty} \frac{1}{2T} \int_{-T}^{T} \int_{-T}^{T} R_X(t-s) \mathrm{e}^{-\mathrm{i}\omega(t-s)} \mathrm{d}t \mathrm{d}s
\end{aligned}
$$

令 $u = t + s, \tau = t - s$,则变换的雅克比行列式为

$$
|J| = \frac{\partial(t,s)}{\partial(\tau,u)} = \begin{vmatrix} \dfrac{\partial t}{\partial \tau} & \dfrac{\partial t}{\partial u} \\ \dfrac{\partial s}{\partial \tau} & \dfrac{\partial s}{\partial u} \end{vmatrix} = \begin{vmatrix} \dfrac{1}{2} & \dfrac{1}{2} \\ -\dfrac{1}{2} & \dfrac{1}{2} \end{vmatrix} = \frac{1}{2}
$$

于是

$$
\begin{aligned}
S_X(\omega) &= \lim_{T \to +\infty} \frac{1}{4T} \int_{-2T}^{2T} \int_{-2T+|\tau|}^{2T-|\tau|} R_X(\tau) \mathrm{d}u \mathrm{d}\tau \\
&= \lim_{T \to +\infty} \frac{1}{4T} \int_{-2T}^{2T} R_X(\tau)(4T - 2|\tau|) \mathrm{e}^{-\mathrm{i}\omega\tau} \mathrm{d}\tau \\
&= \lim_{T \to +\infty} \int_{-2T}^{2T} (1 - \frac{|\tau|}{2T}) R_X(\tau) \mathrm{e}^{-\mathrm{i}\omega\tau} \mathrm{d}\tau \\
&= \int_{-\infty}^{+\infty} R_X(\tau) \mathrm{e}^{-\mathrm{i}\omega\tau} \mathrm{d}\tau
\end{aligned}
$$

即 $S_X(\omega)$ 是 $R_X(\tau)$ 的傅里叶变换,其逆傅里叶变换为

$$
R_X(\tau) = \frac{1}{2\pi} \int_{-\infty}^{+\infty} S_X(\omega) \mathrm{e}^{\mathrm{i}\omega\tau} \mathrm{d}\omega
$$

平稳过程 $X(t)$ 的自相关函数与功率谱密度之间的这一关系即著名的维纳 - 辛钦(Wiener-Khintchine)公式.

定理 7.4.2（维纳 - 辛钦公式） 设 $X = \{X(t), t \in \mathbf{R}\}$ 是均方连续的平稳过程,自相关函数 $R_X(\tau)$ 绝对可积,即 $\int_{-\infty}^{+\infty} |R_X(\tau)| \mathrm{d}\tau < +\infty$,则

$$
S_X(\omega) = \int_{-\infty}^{+\infty} R_X(\tau) \mathrm{e}^{-\mathrm{i}\omega\tau} \mathrm{d}\tau
$$

$$
R_X(\tau) = \frac{1}{2\pi} \int_{-\infty}^{+\infty} S_X(\omega) \mathrm{e}^{\mathrm{i}\omega\tau} \mathrm{d}\omega
$$

特别地,当 $X(t)$ 是实平稳过程时,由相关函数的性质,有 $R_X(\tau) = R_X(-\tau)$,即 $R_X(\tau)$ 与 $S_X(\omega)$ 都是偶函数,于是上式又可写为

$$S_X(\omega) = 2\int_0^{+\infty} R_X(\tau)\cos(\omega\tau)\mathrm{d}\tau$$

$$R_X(\tau) = \frac{1}{\pi}\int_0^{+\infty} S_X(\omega)\cos(\omega\tau)\mathrm{d}\omega$$

值得注意的是,以上讨论的功率谱密度都属于连续的情形,就物理意义而言,则意味着不能含有直流成分或周期成分. 当平稳过程含有直流成分时,其功率谱密度在零频率上应该是无限的,而在其他频率上是有限的,即在 $\omega = 0$ 处存在一个 δ 函数;当平稳过程含有某个周期成分时,则其功率谱密度将在离散频率点上存在 δ 函数. 故可借助 δ 函数将维纳 - 辛钦公式应用到含有直流或周期成分的平稳过程上. 这一内容不再详细赘述,有兴趣的读者可参见随机信号处理的相关文献.

此外,有了谱密度的概念,就可以引入工程应用中一个非常重要的概念——白噪声,即谱密度为常数的平稳过程. 读者可依据上述分析做延伸阅读.

例 7.4.3 已知平稳过程 $X(t)$ 的自相关函数 $R_X(\tau)$ 为

$$R_X(\tau) = \begin{cases} 1-|\tau|, & |\tau| \le 1 \\ 0, & \text{其他} \end{cases}$$

试求其谱密度 $S_X(\tau)$.

解　$S_X(\omega) = \int_{-\infty}^{+\infty} R_X(\tau)\mathrm{e}^{-\mathrm{i}\omega\tau}\mathrm{d}\tau = 2\int_0^1 (1-\tau)\cos\omega\tau\mathrm{d}\tau$

而

$$\int_0^1 \cos\omega\tau\mathrm{d}\tau = \frac{\sin\omega\tau}{\omega}\Big|_0^1 = \frac{\sin\omega}{\omega}$$

$$\int_0^1 \tau\cos\omega\tau\mathrm{d}\tau = \frac{\sin\omega\tau}{\omega}\Big|_0^1 - \frac{1}{\omega}\int_0^1 \sin\omega\tau\mathrm{d}\tau = \frac{\sin\omega}{\omega} + \frac{\cos\omega\tau}{\omega^2}\Big|_0^1 = \frac{\sin\omega}{\omega} + \frac{\cos\omega-1}{\omega^2}$$

故

$$S_X(\omega) = \frac{2(1-\cos\omega)}{\omega^2} = \frac{4\sin^2\frac{\omega}{2}}{\omega^2}$$

7.4.3　平稳过程的遍历性

为了使随机过程能够成为描述系统的一种有用方法,人们必须能够依据随机过程 $X = \{X(t), t \in T\}$ 的观测结果来估计其一、二阶矩等数字特征. 但为了估计这些数字特征,必须对随机过程做大量观测. 记 $X_i(t)$ $(i=1,2,\cdots,n)$ 为 t 时刻的第 i 次观测的结果,由大数定律, $\frac{1}{n}\sum_{i=1}^n X_i(t)$ 依概率收敛于 $E[X(t)] = m$,从而可以用 $\bar{X}(t) = \frac{1}{n}\sum_{i=1}^n X_i(t)$ 估计 m ,用 $\frac{1}{n}\sum_{i=1}^n [X_i(t+\tau)-\bar{X}(t)][X_i(t)-\bar{X}(t)]$ 估计 $R(\tau)$. 但对随机过程进行多次观察一般来说并不容

易,那么能否通过对一条样本路径的观测来估计 m 和 $R(\tau)$ 呢?即在什么条件下由随机过程的一条样本轨道按不同时间计算出的平均值等于其对应的总体平均值呢?要做到这一点,就要求在时间足够长的条件下,随机过程的每个样本函数都能够"遍历"其各种可能的状态.随机过程的这种特性就称为遍历性,也称为各态历经性或埃尔古德性.

定义 7.4.3　设 $X=\{X(t),t\in\mathbf{R}\}$ 是均方连续的平稳过程,则分别称

$$\langle X(t)\rangle=\lim_{T\to+\infty}\frac{1}{2T}\int_{-T}^{T}X(t)\mathrm{d}t$$

$$\langle X(t+\tau)\overline{X(t)}\rangle=\lim_{T\to+\infty}\frac{1}{2T}\int_{-T}^{T}X(t+\tau)\overline{X(t)}\mathrm{d}t$$

为过程 X 的**时间均值**和**时间相关函数**.分别称 $E[X(t)]=m$ 和 $E[X(t+\tau)\overline{X(t)}]=R(\tau)$ 为**统计均值**和**统计相关函数**.

定义 7.4.4　设 $X=\{X(t),t\in\mathbf{R}\}$ 是均方连续的平稳过程,则
（1）如果

$$\langle X(t)\rangle=\lim_{T\to+\infty}\frac{1}{2T}\int_{-T}^{T}X(t)\mathrm{d}t=m$$

依概率 1 成立,则称随机过程 X 是**均值遍历的**或**均值各态历经的**;
（2）如果

$$\langle X(t+\tau)\overline{X(t)}\rangle=\lim_{T\to+\infty}\frac{1}{2T}\int_{-T}^{T}X(t+\tau)\overline{X(t)}\mathrm{d}t=R(\tau)$$

依概率 1 成立,则称随机过程 X 是**相关函数遍历的**或**相关函数各态历经的**.

如果随机过程既是均值遍历的也是相关函数遍历的,则称此**随机过程是遍历的**,或者说该随机过程具有遍历性.

由该定义可见,当随机过程 X 具有遍历性时,其时间均值和时间相关函数以概率 1 收敛于 $E[X(t)]$ 和 $E[X(t+\tau)\overline{X(t)}]$,并且二者均与 t 无关.由此可知,遍历过程必是平稳过程.那么,反过来,平稳过程在什么条件下才具有遍历性呢?下面的定理回答了这个问题.

定理 7.4.3（均值遍历性定理）　设 $X=\{X(t),t\in\mathbf{R}\}$ 是均方连续的平稳过程,自相关函数为 $R(\tau)$,则它的均值具有遍历性的充要条件是

$$\lim_{T\to+\infty}\frac{1}{2T}\int_{-2T}^{2T}(1-\frac{|\tau|}{2T})[R(\tau)-|m|^2]\mathrm{d}\tau=0$$

证明　由于

$$E[\langle X(t)\rangle]=E[\lim_{T\to+\infty}\frac{1}{2T}\int_{-T}^{T}X(t)\mathrm{d}t]=\lim_{T\to+\infty}\frac{1}{2T}\int_{-T}^{T}E[X(t)]\mathrm{d}t=m$$

显然,只要能证明 $D[\langle X(t)\rangle]=0$,则 $\langle X(t)\rangle$ 就依概率 1 等于 $E[X(t)]$.
又

$$D[\langle X(t)\rangle]=E[|\langle X(t)\rangle|^2]-|E\langle X(t)\rangle|^2=E[|\langle X(t)\rangle|^2]-|m|^2$$

而

$$E[|\langle X(t)\rangle|^2] = E[|\lim_{T\to+\infty}\frac{1}{2T}\int_{-T}^{T}X(t)\mathrm{d}t|^2]$$

$$= E[\lim_{T\to+\infty}\frac{1}{4T^2}\int_{-T}^{T}X(t)\mathrm{d}t\int_{-T}^{T}\overline{X(s)}\mathrm{d}s]$$

$$= \lim_{T\to+\infty}\frac{1}{4T^2}\int_{-T}^{T}\int_{-T}^{T}E[X(t)\overline{X(s)}]\mathrm{d}t\mathrm{d}s$$

$$= \lim_{T\to+\infty}\frac{1}{4T^2}\int_{-T}^{T}\int_{-T}^{T}R(t-s)]\mathrm{d}t\mathrm{d}s$$

为了简化，令 $\tau = t-s, u = t+s$ ，则积分区域由 $D = \{(t,s): -T\leq t\leq T, -T\leq s\leq T\}$ 变换为 $D' = \{(u,\tau): -2T\leq u+\tau\leq 2T, -2T\leq u-\tau\leq 2T\}$ ，对应雅克比行列式为

$$|J| = \frac{\partial(t,s)}{\partial(\tau,u)} = \begin{vmatrix}\frac{\partial t}{\partial\tau} & \frac{\partial t}{\partial u}\\ \frac{\partial s}{\partial\tau} & \frac{\partial s}{\partial u}\end{vmatrix} = \begin{vmatrix}\frac{1}{2} & \frac{1}{2}\\ -\frac{1}{2} & \frac{1}{2}\end{vmatrix} = \frac{1}{2}$$

于是

$$E[|\langle X(t)\rangle|^2] = \lim_{T\to+\infty}\frac{1}{4T^2}\int_{-2T}^{2T}\int_{-2T+|\tau|}^{2T-|\tau|}\frac{1}{2}R(\tau)\mathrm{d}u\mathrm{d}\tau = \lim_{T\to+\infty}\frac{1}{2T}\int_{-2T}^{2T}(1-\frac{|\tau|}{2T})R(\tau)\mathrm{d}\tau$$

又 $\lim_{T\to+\infty}\frac{1}{2T}\int_{-2T}^{2T}(1-\frac{|\tau|}{2T})\mathrm{d}\tau = 1$ ，故

$$|m|^2 = |m|^2\cdot\frac{1}{2T}\lim_{T\to+\infty}\int_{-2T}^{2T}(1-\frac{|\tau|}{2T})\mathrm{d}\tau = \lim_{T\to+\infty}\frac{1}{2T}\int_{-2T}^{2T}(1-\frac{|\tau|}{2T})|m|^2\mathrm{d}\tau$$

从而有

$$D[\langle X(t)\rangle] = E[|X(t)|] - |m|^2 = \lim_{T\to+\infty}\frac{1}{2T}\int_{-2T}^{2T}(1-\frac{|\tau|}{2T})[R(\tau)-|m|^2]\mathrm{d}\tau$$

显然，上式右边等于 0 即为均值遍历的充要条件.

特别地，当 X 是均方连续的实平稳过程时，由于 $R(\tau)$ 是偶函数，于是得 X 均值遍历的充要条件为

$$\lim_{T\to+\infty}\frac{1}{T}\int_{0}^{2T}(1-\frac{|\tau|}{2T})[R(\tau)-m^2]\mathrm{d}\tau = 0$$

定理 7.4.4（相关函数遍历性定理） 设 $X = \{X(t), t\in\mathbf{R}\}$ 是均方连续的平稳过程，其自相关函数 $R(\tau)$ 遍历的充要条件为

$$\lim_{T\to+\infty}\frac{1}{2T}\int_{-2T}^{2T}(1-\frac{|u|}{2T})[B(u)-|R(\tau)|^2]\mathrm{d}u = 0$$

其中

$$B(u) = E[X(t)\overline{X(t+\tau)X(t+u)}X(t+\tau+u)] \tag{7.9}$$

证明 对固定的 τ ，令 $Y(t) = X(t+\tau)\overline{X(t)}$ ，则 $Y = \{Y(t), t\in\mathbf{R}\}$ 是均方连续的平稳过程，且

$$m_Y = E[Y(t)] = E[X(t+\tau)\overline{X(t)}] = R(\tau)$$

从而过程 X 具有自相关函数遍历性与 Y 具有均值遍历性等价. 又由于

$$R_Y(u) = E[Y(t+u)\overline{Y(t)}] = E[X(t+\tau+u)\overline{X(t+u)}\ \overline{X(t+\tau)}X(t)] = B(u)$$

所以由定理 7.4.3 立得定理 7.4.4 的结论.

在实际应用中,经常只考虑定义在 $t \geq 0$ 上的均方连续的平稳过程,此时定义 7.4.4 中的定义式改为

$$\langle X(t) \rangle = \lim_{T \to +\infty} \frac{1}{T} \int_0^T X(t)\mathrm{d}t = m$$

和

$$\langle X(t+\tau)\overline{X(t)} \rangle = \lim_{T \to +\infty} \frac{1}{T} \int_0^T X(t+\tau)\overline{X(t)}\mathrm{d}t = R(\tau)$$

这时定理 7.4.3 和定理 7.4.4 相应地可以写成下列形式.

定理 7.4.5　均方连续平稳过程 $\{X(t), 0 \leq t < +\infty\}$ 具有均值遍历性的充要条件为

$$\lim_{T \to +\infty} \frac{1}{T} \int_{-T}^T (1 - \frac{|\tau|}{T})[R(\tau) - |m|^2]\mathrm{d}\tau = 0$$

特别地,若 X 为实平稳过程,则上式变为

$$\lim_{T \to +\infty} \frac{1}{T} \int_0^T (1 - \frac{\tau}{T})[R(\tau) - m^2]\mathrm{d}\tau = 0$$

定理 7.4.6　均方连续平稳过程 $\{X(t), 0 \leq t < +\infty\}$ 具有自相关函数遍历的充要条件为

$$\lim_{T \to +\infty} \frac{1}{T} \int_{-T}^T (1 - \frac{|u|}{T})[B(u) - |R(\tau)|^2]\mathrm{d}u = 0$$

其中 $B(u)$ 采用式(7.9)定义.

特别地,若 X 为实平稳过程,则上式变为

$$\lim_{T \to +\infty} \frac{1}{T} \int_0^T (1 - \frac{u}{T})[B(u) - R^2(\tau)]\mathrm{d}u = 0$$

例 7.4.4　讨论 $X(t) = A\cos(\omega_0 t + \varphi)$ 是否为遍历过程,其中 A , ω_0 是常量, φ 是 $(0, 2\pi)$ 上服从均匀分布的随机变量.

解　$\langle X(t) \rangle = \lim_{T \to +\infty} \frac{1}{2T} \int_{-T}^T A\cos(\omega_0 t + \varphi)\mathrm{d}t = \lim_{T \to +\infty} \frac{A\cos\varphi\sin(\omega_0 T)}{\omega_0 T} = 0$

$\langle X(t), X(t+\tau) \rangle = \lim_{T \to +\infty} \frac{1}{2T} \int_{-T}^T A^2\cos(\omega_0 t + \varphi)\cos(\omega_0 t + \omega_0\tau + \varphi)\mathrm{d}t = \frac{A^2\cos(\omega_0\tau)}{2}$

所以 $X(t)$ 是遍历过程.

例 7.4.5　讨论随机过程 $X(t) = Y$ 的遍历性(Y 是方差不为零的随机变量).

解　因为 $\langle X(t) \rangle = \lim_{T \to +\infty} \frac{1}{2T} \int_{-T}^T Y\mathrm{d}t = Y$ 是一个随机变量,故不是遍历的.

7.5　平稳高斯过程和平稳高斯马尔科夫过程

当我们讨论平稳过程的各种问题时,往往只讨论其一阶矩和二阶矩特性.但一阶矩和二阶矩特性所限定的往往不是一个具体的随机过程,而是具有一阶矩和二阶矩共性的一类随机过程,而这类过程中一定存在一个高斯过程.所以,在平稳过程的研究中,就往往把这个平

稳高斯过程作为重要的特例,这是因为高斯过程可由其一阶矩和二阶矩唯一确定.所以,从平稳正态过程可以得到较一般随机过程更深刻的结论,并且在很多实际问题中,它是问题研究的出发点.

定义 7.5.1　如果过程 $\{X(t),t \in T\}$ 既是平稳过程又是高斯过程,则称该过程为平稳高斯过程.

显然,平稳高斯过程具有平稳过程和高斯过程的一切优良特性.这些性质在前面两节中已做详细介绍.

定义 7.5.2　如果过程 $\{X(t),t \in T\}$ 既是平稳过程又是高斯马尔科夫过程,则称该过程为平稳高斯马尔科夫过程.

平稳高斯马尔科夫过程具有如下重要性质.

定理 7.5.1　如果过程 $\{X(t),t \in T\}$ 是平稳高斯过程,则它是均方连续马尔科夫过程的充要条件是其协方差函数可表示为

$$R(t) = \mathrm{e}^{at}R(0), t \geq 0, \mathrm{Re}\, a \leq 0$$

证明略.

关于平稳高斯过程和平稳高斯马尔科夫过程的更为详细的内容可参考工程方面的文献.

习题 7

1. 对于联合正态随机变量 (X,Y),有 $Cov(X^2,Y^2) = 2E^2(XY)$.

2. 若高斯过程 $\{X(t),t \in T\}$ 是均方可积的,证明 $\{Y(t) = \int_a^t X(s)\mathrm{d}s, a,t \in T\}$ 也是高斯过程.

3. 讨论布朗运动的均方连续性和均方可积性.

4. 讨论泊松过程的均方可微性和均方可积性.

5. 设 $\{W(t),t \geq 0\}$ 是标准维纳过程,令 $X(t) = \int_0^t W(s)\mathrm{d}s, t \geq 0$,试求 $\{X(t),t \geq 0\}$ 的均值函数和相关函数.

6. 设 $\{X(t),t \in T\}$ 是高斯过程,证明 $\{X(t),t \in T\}$ 的严平稳性与宽平稳性等价.

7. 已知零均值的平稳过程 $\{X(t),-\infty < t < +\infty\}$ 的谱密度为

$$S(\omega) = \begin{cases} 1-|\omega|, & |\omega| \leq 1 \\ 0, & \text{其他} \end{cases}$$

求相关函数 $R(\tau)$.

8. 设 $X_t = A\cos\omega t + B\sin\omega t, -\infty < t < +\infty$,其中 A,B 为相互独立,且都服从 $N(0,\sigma^2)$ 的随机变量, ω 为常数.试讨论 $X = \{X_t, -\infty < t < +\infty\}$ 均值的各态历经性.

9. 设 $\{X(t),t \in T\}$ 是平稳高斯过程,证明 $X(t)$ 和 $X'(t)$ 相互独立.

思考题

讨论平稳过程在工程和经济、社会领域的应用.

参考文献

[1] 盛骤,谢式千,潘承毅. 概率论与数理统计 [M].4 版. 北京:高等教育出版社,2008.

[2] 陈希孺. 数理统计引论 [M]. 北京:科学出版社,1981.

[3] 茆诗松,王静龙,濮晓龙. 高等数理统计 [M]. 北京:高等教育出版社,1998.

[4] 庄楚强. 应用随数理统计基础 [M].4 版. 广州:华南理工出版社,2013.

[5] 师义民,徐伟,秦超英,等. 数理统计 [M].4 版. 北京:科学出版社,2015.

[6] 王梓坤. 随机过程论 [M]. 北京:科学出版社,1965.

[7] E. PARZEN. 随机过程 [M]. 邓永录,译. 北京:高等教育出版社,1982.

[8] S.M.ROSS. 应用随机过程概率模型导论 [M].10 版. 龚光鲁,译. 北京:人民邮电出版社,2011.

[9] RICHARD DURRETT. 随机过程基础 [M]. 张景肖,李贞贞,译. 北京:机械工业出版社,2014.

[10] 陆大絟. 随机过程及其应用 [M]. 北京:清华大学出版社,2006.

[11] 林元烈. 应用随机过程 [M]. 北京:清华大学出版社,2002.

[12] [苏] 基赫曼,斯科罗霍德. 世界数学名家精品译丛:随机过程 [M]. 邓永录,邓集贤,石北源,译. 哈尔滨:哈尔滨工业大学出版社,2014.